熱愛的事
持續做，
直到被看見

你的核心競爭力，藏在自己熱愛的事物中

趙莎——著

時報出版

內容提要

本書將教會一般人如何找到熱愛的領域，進行超速成長，並將才華變現。

全書共分為 5 章：第 1 章講定位力，引導讀者向內探索與向外拓展，介紹在迷茫時讀者應如何找到自己熱愛的方向；第 2 章講專業力，幫助讀者搭建個人知識體系，提升學習效率與專業能力，從而開始超速成長；第 3 章講行動力，透過深度拆解目標管理、時間管理與能量管理的方法，讓夢想在實踐中生根；第 4 章講影響力，從輸出力、分享力、連結力出發，幫助讀者建立個人品牌，發揮個人影響力；第 5 章講變現力，引導讀者從產品力、營運力、行銷力出發來搭建商業小模型，從而真正實現才華變現。本書適合想將自己喜愛的事變成職業的人、面臨轉型的職場人士及終身學習者閱讀。

自序

我叫趙莎,是一名「90後」創業者。下面是我的故事。

小學,關在籠子裡的「小鳥」

小學三年級的時候,父母外出打工,我從農村的小學轉到市區的小學,住在外公外婆家,成了一名鑰匙兒童。在市區的小學裡,我非常自卑,不敢大聲說話,怕老師、怕同學;在外公外婆家,我也不敢向他們提要求,會壓抑內心的很多想法,不敢開電視、不敢要零用錢、不敢要好看的衣服。我羨慕同學們週末都有父母陪,羨慕別人的童年裡有看不完的動畫片……

可能是因為自卑,我從小就刻苦學習,國中、高中都在學校寄宿,將時間全部花在了學習上,學習成績也保持在班級前3名。我想,即使沒有好的家庭環境,我也要有一個好成績,考上一所好大學,未來成為一個很優秀的人。

皇天不負苦心人,大學聯考成績出來的時候,我的成績高

出一類線 10 多分。當時在我們村裡，能考上一本[1]是一件很值得驕傲的事情，父母非常欣慰。填報志願的時候，外公和父母都希望我填報師範、醫學類的學校，畢業後當老師或醫生，因為這些職業很穩定。但我沒有聽從家人的建議，買了兩本關於高考志願填報的書回來看，然後根據自己的興趣，填報了以服裝、設計、會計類專業見長的學校，滿心歡喜地期待著在喜歡的學校裡實現自己的夢想。

大學，被分配到動物醫學專業

後來，我成功被我的第一志願學校 —— 一所「雙一流」頂尖大學錄取。可是，糟糕的是，我喜歡的專業並沒有錄取我，我被分配到了一個之前從來沒有聽過的專業 —— 動物醫學專業，通俗地說，就是獸醫專業。收到錄取通知書的時候，我內心五味雜陳。在父母看來，這意味著我讀完 5 年大學後要去當獸醫，於是他們直接聯繫我的高中老師，建議我復讀一年，重新考個他們眼中的好學校和好專業。我雖然也不喜歡動物醫學專業，但復讀會讓我承受很大壓力，如果心態沒穩住，我可能連這所「雙一流」頂尖大學也考不上，我想大學所學的專業也不一定限定了最終出路，所以我沒有答應去復讀，心裡想著可能還有翻盤的機會。

我想很多人在大學填報志願的時候，都是懵懂地選擇了自己不太了解的專業。等到真正學習了這個專業後才發現自己完

1：在中國，高考的學校根據錄取分數的高低分為不同的類別，「一本」是指相對較高的一類本科院校，通常是一些名校或較為優秀的大學。

全不喜歡，卻又不得不熬完幾年大學生活，最後勉勉強強地去做與專業相關的工作。而我在被分配到動物醫學專業進入大學的第一天，就開始了自己的職業探索之旅。

大一暑假，我留在實驗室做實驗，體驗科研生活，以決定到底要不要走專業路線，未來要不要考研；大二，我參加了職業生涯規劃大賽，確定了自己畢業後要從事與人力資源相關的工作，於是連續 2 年週末無休，在另一所學校攻讀人力資源管理的第二學位；大四，我拿著履歷在多所大學的招聘會上參加面試，最後孤身一人去大城市求職，3 天跑了八家公司，只為有一個在大城市工作的機會。當時我想，畢業後一定要做與人力資源相關的工作。

畢業，一份起點低的工作

可能是因為本專業是動物醫學，第二專業才是人力資源管理，也可能是因為大城市競爭激烈，除了原本專業領域的工作機會外，我只得到兩個飯店行業的人力資源管理工作機會，並且每月工資只有人民幣 2800 元。辛辛苦苦地付出，卻沒有得到理想的工作機會，我好像總是離理想的城堡有一段距離，但我依然沒有放棄對未來的探索和追求，想著先就業再擇業。

工作第 1 年，我每天早上 6 點半起床，7 點出門，晚上 11 點才回到公司宿舍。那時候，我被獲得直博（直接攻讀博士

機會的同學嘲笑：「你工資這麼低，還這麼努力幹嘛？」被同事取笑：「我和你住同一間房，可是我起床的時候你已經出門了，我睡覺的時候你才回來，我基本上只能在公司看見你，你需要這麼拚嗎？！」甚至還被父母質疑：「一個名校畢業的大學生，在深圳做每月只有人民幣2800元工資的工作，每天把自己折騰得那麼累，不如回老家找份工作算了。」

聽到這些話時，我很難過，尤其是沒有得到家人的支持，更讓我覺得孤獨。但後來，憑藉自己的努力，我終於跳槽到了一家大公司。

剛進入大公司時，我彷彿每天都頂著光環上班，超級開心。可過了幾個月，在新的工作崗位上，我也感受到了一些業務壓力，除了每天加班外，還需要處理一些壓得我喘不過氣來的人際關係。最後身體向我敲響了警鐘：我的頭上出現了好幾處硬幣大小的圓形禿，醫生說這很可能是精神壓力較大引起的。那時我每天害怕自己一覺起來，頭上就又有幾處圓形禿。最後，結合自己的身體狀況和其他原因，我決定離職，開始做自己喜歡的事情。

創業，把熱愛變成事業

2018年12月，離職的我開始創業。搬家公司的小車帶著我從深圳的東邊到深圳的西邊，我和妹妹擠在一間只有14平方米、每月人民幣800元房租的房子裡。離職後，我很害怕和父

母溝通，一方面怕他們擔心我，另一方面，他們確實無法理解我一個人在家不上班怎麼賺錢，沒有錢怎麼創業。

因為缺少和父母的溝通，我和他們的關係極度惡化。在一次電話中，我和爸爸的情緒都非常不好，我們吵了起來。一氣之下，我暴躁地掛掉了電話，而爸爸也直接把我從微信裡拉黑了。那時，我雖然慌得不得了，擔心和父母的關係就此鬧僵，但同時也感到相當委屈：創業已經很苦了，還得不到父母的理解和支持。不過後來自己創業有些小成績後，我把情況一五一十地告訴了父母，也終於獲得了他們的理解和支持。

小學、大學、畢業和創業的四段小故事，是我這樣一個非常普通的人在平凡的歲月裡做出的一些小努力的見證。其中的一些場景，可能也是一些「90後」的真實寫照：童年時總感覺缺乏愛，不自信，於是拚命學習；讀了大學，一邊步入新天地，一邊要與不喜歡的專業「死磕」；畢業了，在職場的壓力下成長，同時還要再次進修與父母溝通這門必修課。我們很可能度過了很多個迷茫的夜晚，偷偷帶著眼淚入睡，但第二天起床又暗自給自己打氣：今天又是一條好漢。

畢業這幾年，透過不斷地尋找、探索、努力，我終於找到了舒服自在的生活方式。借助行動網路的紅利，我找到了自己熱愛的領域——知識可視化的教學和服務，成功地從職場人士變成自由職業者，再從自由職業者轉型為個體創業者。這一路走來，除了得到了很多人的支持和認可，和父母的關係逐漸緩和，我還找到了自己的愛情，認識了另一半。更重要的是，當

我順著自己的熱愛，重新出發的時候，我也和自己和解了，不再和自己較勁。我時常有一種幸福感，這種幸福感源於對未來的篤定，對熱愛的追求和探索。

成長不是一件容易的事，尤其是成長為自己喜歡的樣子。很多時候，我們容易被一些其他因素干擾，走著走著就走偏了。還有些時候，我們無法按照理想路徑前行，便會把原因歸咎於他人的阻礙，殊不知，人生的掌控權一直在我們自己手裡。

我把這一路走來的心路歷程整理成了一本書，希望對你有所幫助。感謝這個時代，它賦予了很多人被看見的機會，而你只要足夠努力，總會被看見。

我是如何一步步發現自己熱愛的領域，並把熱愛變現的？

我經歷了這五個階段。

第一階段：找到自己的定位，即自己想成為一個什麼樣的人。當你想清楚這一點時，你未來的發展方向就會極度聚焦；越聚焦，外界的聲音就越不會干擾你內在的節奏，從而減少內耗。

第二階段：讓自己變得專業，專業能力永遠是你立足於社會的根本。我總是問自己喜歡什麼，能不能把喜歡的變成專業的，再把專業的變成自己的職業。所以在第 2 章，我會和你分享我每次跨行跨業的時候，是如何讓自己快速變專業的。

第三階段：採取行動，做一個知行合一的人。很多人聽了很多道理，卻依然過不好這一生，究其原因，很多時候我們是

思想上的巨人，卻是行動上的矮子。那麼到底如何才能做到極速行動，拆分、執行並完成目標呢？在第 3 章，我會將自己的時間和計劃表分享給你，供你參考。

第四階段：擴大影響，讓自己能幫助更多人。在個人品牌時代，只有不斷地對外分享輸出，才能讓自己更好地被看見，也才能使個人價值最大化，從而幫助更多人。如何從 0 到 1 積攢粉絲，如何從 0 到 1 建立自己的個人品牌，本書的第 4 章將詳細為你介紹。

第五階段：實現變現，打造自己的第一個知識產品。關於專業力變現，我一直有一種「你若盛開，蝴蝶自來」的信念：當你紮紮實實地學習、紮紮實實地分享輸出、用心地做好自己的產品時，總有人會被你吸引；當你真心實意地為他人著想、為他人提供價值時，財富也會自然地流淌到你這裡。

另外，為了讓你更好地理解和吸收，本書還設置了一些行動清單，它們將引導你看完相關內容後立即開始行動，讓你真正做到學有所用。

願本書幫助你找到自己的熱愛，成為越來越優秀的人，綻放自己，未來可期。

趙莎

2024 年春

目錄

 第 1 章　**定位力 找到熱愛的方向**

1　人生迷茫，如何破局找到成長方向 / 002

2　面對焦慮，如何向內探索找到力量 / 016

3　思維受限，如何向外拓展發現機會 / 027

 第 2 章　**專業力 搭建穩定的體系**

1　從零開始，搭建知識體系 / 042

2　深度學習，提升學習效率 / 052

3　牛刀小試，檢測專業能力 / 066

 **第 3 章　行動力 借助一套好工具**

1　目標管理：將目標拆解為執行清單 / 078

2　時間管理：掌控時間的方法 / 092

3　能量管理：能量比能力更重要 / 103

 **第 4 章　影響力 建設好個人品牌**

1　輸出力：如何擁有自己的多個作品 / 116

2　分享力：如何讓自己更好地被看見 / 128

3　連結力：如何與貴人保持穩定聯繫 / 148

 **第 5 章　變現力 知識能力產品化**

1　產品力：如何做出有生命力的產品 / 158

2　營運力：如何做有氛圍的社群 / 175

3　行銷力：如何做有影響力的品牌 / 191

後記 / 203

1

定位力 找到熱愛的方向

唯有熱愛,可抵歲月漫長。你要持續不斷地去尋找自己的熱愛,它就像你的翅膀,能給你勇氣和力量。

1 人生迷茫，如何破局找到成長方向

成功，就是離自己想成為的樣子越來越近。

畢業7年，經常有人很羨慕我能夠找到自己的熱愛；也有很多人來向我諮詢，希望我幫他們找到自己的熱愛和成長方向。

我給自己貼了一個標籤——人生設計師。我在大一的時候就接觸了職業生涯規劃，並在當時給自己規劃：畢業後要從事與人力資源相關的工作。畢業時，我順利地從事了人力資源管理工作。參加工作的第1年，我發現自己喜歡學習、分享，對教育感興趣，又給自己重新做了職業生涯規劃，計劃3年後成為一名知識博主，做自由講師。3年後我又順利實現了規劃。

因為每一次我的職業生涯規劃都實現了，並且我在轉型後做得還不錯，所以我越來越相信每個人都可以成為自己的人生設計師，都可以一步步地去規劃自己的生活。在本章，我想和你分享，我如何一步一步去探索、規劃自己的職業生涯，在這中間又經歷了什麼。

1. 第一次破局，給自己做職業生涯規劃

2011 年 6 月，我收到了華中農業大學動物醫學科系的錄取通知書。這所學校是我自己選擇的，但科系卻是被分配的。當時父母知道我的科系後非常生氣，馬上聯繫我的高中老師想讓我去復讀一年，希望我一年後重考一所好學校，選擇一個好科系。

當時我沒有答應，畢竟自己好不容易考上了一所「雙一流」頂尖大學，如果復讀，萬一心態沒穩住，可能連「一本」院校都考不上。所以，2011 年，我不顧家人的阻攔，興奮又迷茫地去武漢念大學了。我不知道有多少人和我一樣，大學的科系是被重新分配的，或者根本不知道自己的科系是學什麼的，稀里糊塗地選了一個。

我們在讀大學之前，好像很多事情都是被安排好的，按部就班地學習每一門課程的知識，把每一次考試考好。到了填報志願的時候，我們好像有了一次主動選擇的機會，可是我們並不知道怎麼去做這道選擇題，很有可能最後還是家長和老師幫我們做了選擇，又或者是我們被學校選擇。所以，習慣了被動模式的我們，人生就會持續地進入被動模式。

很多人進入被動模式後，就慢慢地習慣了，並一路走到底。而我當時打破了這種被動模式，雖然被分配到了自己不喜歡的科系，但是我仍然有逆風翻盤的機會。我太想把大學過得有意義了，所以在大一的時候嘗試了很多事情，主動地找

尋找人生的意義，具體如下：

- **做兼職**：我嘗試推銷各種課程和服務，例如推銷電腦等級考試課程、安裝網路寬頻服務等。
- **加入社團**：我面試了許多社團，像是主持社團、舞蹈社團、記者社團等。
- **多學習**：從大一開始，我就投資自己，省吃儉用報名參加線下課程以及校外的學習活動。

那時，許多人都不理解，畢竟從高中升上大學，應該可以好好休息、好好玩，為什麼我還要這麼折騰自己，尤其是花好幾百到上千元人民幣去外面上課。

有時候，改變往往是從你不經意聽到的一句話開始的。我之所以從大一開始就有強烈的學習意識，是在一次公開講座中，一位老師的話啟發了我。

大學時間除了用來學好自己的科系課程外，還是提升工作能力的好時機。你的課外學習和活動，應該盡可能地為畢業後的那份履歷做準備。你畢業後要找什麼工作，這份工作要求你具備哪些知識和經驗，你就要在大學期間為這些做準備。

聽完那段話後，我開始思考如何充分利用好課外時間。

同時，我也在思考：我畢業後到底要做什麼？我該如何度

過大學？我要去做些什麼事情？

　　有一天晚上，我在操場上跑步，一邊跑一邊思考這些問題，突然間想到了未來的職業方向：我可以先盡可能地去做一些與本科系相關的實踐，看看自己喜不喜歡；如果真的不喜歡，那我再在動物醫學產業裡去找其他職位的工作，這樣既能發揮自己的專業優勢，又能找到一份自己感興趣的工作。

　　可能是因為當時思考得太投入，我在為這個想法暗自高興時，突然「哐噹」一聲掉進了操場上的一個水坑裡，裡面積滿了水。那時是冬天，當我全身濕漉漉地從池子裡爬出來時，整個人幾乎被凍透了，但我依然感到很興奮。此後的每一天，我都積極地上課、做實驗，打好專業基礎。同時，我也在做多方準備，思考有哪些職位可能會是我感興趣的，如果我對動物醫學不感興趣，還可以嘗試做什麼工作，這些又該如何結合起來⋯⋯

　　為了找到這些問題的答案，我開始了更精準的探索。

　　大一的暑假，我跟著老師留在實驗室做了 20 天的實驗，目的是判斷自己是否適合走科研道路。做實驗的那些日子，我每天都在無盡地等待實驗結果，這讓我提不起精神和興趣。我還參加了企業的招聘會，和企業的人力資源管理人員對話，探索自己可以從事什麼職業。加入社團時，我抓住一切機會去問學長、學姐畢業後的就業方向有哪些？逐一了解並判斷自己是否對這些感興趣。經過一番嘗試，我發現自己喜歡和人相處。

　　並且我喜歡去影響他人。最後，我發現自己對公司中人力

資源的招聘和培訓領域很感興趣，這既能滿足我與人溝通、影響他人的願望，也符合我未來的職業發展方向。於是，我開始思考如何在這方面積累知識和經驗。

我的第一個想法是，如果畢業後想從事與人力資源相關的工作，那麼就需要有相關的專業知識。因此，從大二開始，我每個週末都會去中南財經政法大學修讀人力資源管理的第二學位，補充我的專業知識。同時，我參加了學校的職業生涯規劃大賽，並以此來驗證我的職業規劃的可行性。在比賽過程中，我得到了許多評委的認可，並且還獲得了獎項，這讓我對自己的職業規劃更加有信心。

大三時，我參加了培訓班並考取了人力資源管理師證書，並加入了職業發展聯盟社團。大四時，我去學長所在的公司尋找實習機會，真實地了解人力資源管理的大致工作內容。大五時，我去了上海的獵人頭公司實習了4個月，專門投入提升自己的招聘能力。

2016年畢業時，我順利收到了幾家公司的錄取通知，但只有兩個與人力資源管理相關。最終，我選擇了在飯店行業從事人力資源管理工作。

雖然飯店行業的人力資源管理工作並不是我最理想的職位，但當我順利獲得這份工作時，我深刻體會到了按照職業規劃一步步實現目標的樂趣，並對未來充滿期待：無論你想做什麼，只要你願意努力，這件事就一定能夠做成。

> **· 行動清單 ·**
>
> 嘗試主動設計自己的人生,想像 3 年後,你的人生狀態是怎樣。

2. 第二次破局,主動學習,擁有「超能力」

2016 年畢業後,我滿心歡喜地拿到了入職邀請。然而,當我正式入職這個崗位時,我發現實際情況與自己想像中的差距有些大。一方面,飯店業的人力資源管理專業性要求不高,許多與行政相關的工作被安排在這個崗位;另一方面,因為薪資較低,我只能住在公司宿舍,並在餐廳用餐,生活品質很低;此外,在飯店業,人力資源管理崗位似乎並不那麼受重視。

我在入職的第一個月非常努力地去適應,但依然動過離職的念頭和許多其他的想法。比如,我是否應該去更專業的公司工作?要不要嘗試做與編輯、新媒體營運相關的工作?是否應該辭職並給自己一個過渡期等等。

此後,我投了幾份履歷,也參加了面試,但面試後我發現:如果因為不滿現狀而想逃離當下的生活,但自身的能力還

沒提升，很大機會只能找到另一份不滿意的工作；想要獲得更好的工作，關鍵不在於重新選擇，而在於提升能力。能力沒有提升，盲目跳槽，只會讓自己陷入無法突破的困境，仍然無法找到理想的工作。

因此，我開始轉變策略，不再只盯著離職，而是專注於如何在現有工作中提升自己，利用工作之外的時間來鞏固自己的專業能力和跨領域能力。

2016年被稱為「知識付費元年」，我在網上搜尋與人力資源管理相關的課程時，發現了完全不同的世界。當時，有很多不同類型的講師因為專業能力強且喜歡分享，漸漸成為了講師。他們經營自己的自媒體，累積粉絲，然後開課、接廣告。甚至，有些講師的副業收入比主業收入還要多。

那時流行一個詞叫做「斜槓青年」，指的是依靠多項技能來獲得多份工作和收入的年輕人。同時，我也了解到自由職業者這個身分。自由職業者不必固定在某一家公司，而是游走在公司之外。他們透過接外包項目、做講師，或者以兼職合作的方式為不同平臺和個人提供服務，從而獲得報酬，比如攝影師、自由講師、作家等。當我了解這些時，我不禁感慨：原來生活還可以這樣過，原來我也可以這樣做。

「8小時之內謀生存，8小時之外謀發展。」 我開始像備戰聯考一樣，每天除了專心工作賺錢外，還努力學習，為3年後的自由職業者之路做準備。當然，學習什麼又是一個大問題。不過不管怎麼樣，先行動起來再說。職業定位不是完全靜

態的，而是需要你逐漸深入地探索，進行動態調整的。所以那時候我學的東西比較多，嘗試的方向也比較多，包括以下幾個方向：

- 寫作：在部落格上更新文章，在微信公眾號上發布文章，想成為新媒體寫作者。
- 戶外：每週抽一天去徒步、越野、爬山，想成為導遊。
- 攝影：約朋友出去拍照，拿著單眼相機拍夜景，想成為攝影師。
- 英語：繼續保持學習英語的習慣，想出國尋求機會。
- 會計：學習財務知識，想轉行做會計。
- 健身：每天下班後去健身房健身一個半小時，學習瑜伽和健美操，想成為兼職健身教練。

想讓自己成長得更快，我們不應一味地疊加行動卻不做思考，而應在疊加後不斷思考、提煉，發現自己內心真正喜歡的事情以及做得好的事情。經過3個月的嘗試和分析，我在每個方向都有了一些結論。

- 寫作：我在部落格上發布的一篇文章上了熱門，還有好幾篇文章的讚數和評論數較多，我的微信公眾號文章也獲得了很多人讚好，所以我可以繼續深入探索這個方向。

- 戶外：只是玩玩而已，沒有什麼外部回饋，感覺自己也不擅長帶隊，所以這個方向只適合作為興趣，不適合發展成事業。
- 攝影：有些朋友說我拍得不錯，還想邀請我幫他們拍照，這個方向或許可以好好培養。
- 英語：特別需要堅持，由於我三天打魚兩天曬網，而且沒有使用英語的環境，因此後來放棄了。
- 會計：相關知識太專業了，我搜尋了一些資料後就直接放棄了。
- 健身：只是當時喜歡，去健身房練了2個月，了解了一些健身教練的日常後，我就沒有興趣將其發展成事業了。

經過以上思考，最後我選擇了寫作，決定成為一名內容創作者，把寫作發展成副業，慢慢地建立自己的知識體系，提升能力，建立個人品牌。想要提升寫作能力，有一件非常重要的事情，就是要讓自己每天都有東西寫。為了讓自己有東西可以寫，我大量地閱讀，又大量地學習，我在2016年買了很多書，也參加了一些課程。

在閱讀和學習的過程中，為了促進知識吸收，提升記憶效果，我開始用軟體做思維導圖和知識圖卡，並且把這類筆記分享到網路上。持續更新大半年後，很多人在網上看到我的思維導圖和知識圖卡做得不錯，都來留言說想學習這種做筆記的方式，每天都有人加我的微信，要我教他們做筆記。第一次，

我覺得自己離當自由講師更近了一些。我在寫作的過程中也非常沉迷於做思維導圖和知識卡片，甚至想花更多的時間去做這些，而不是寫作。

在迷茫的時候，你要採取行動；在不確定方向的時候，你更應該採取行動。只有開始行動，才能得到反饋，而好的反饋就是你的指引。我開始調整自己的細分方向，將內容創作者的身分更加細化為專注於思維導圖和知識圖卡，並計劃未來成為一名教別人使用思維導圖和知識圖卡來提高學習效率的老師。於是，我開始圍繞這個方向更加精準地努力。

> 每週閱讀一本書，並輸出一張思維導圖和知識圖卡；
> 持續思考並沉澱思維導圖和知識圖卡的製作心得和方法；
> 在微信公眾號上分享一些教學教程；
> 挖掘思維導圖和知識圖卡在自己工作中的應用場景；
> 閱讀與學習方法、思維導圖和知識圖卡相關的書籍。

當你開始行動，並逐步讓自己變得更優秀，許多機會也會悄然來到。做思維導圖和知識圖卡成為了我的一項「超能力」，使我在職場上也慢慢朝著好的方向發展。例如：我因為製作人力資源管理系列的思維導圖，9個月後從飯店分店被提拔到總部，負責300多人的人力資源管理線上培訓；在總部待了6個月後，我又憑藉較強的學習能力和總結能力跳槽到了生物行業的龍頭公司做招聘。當我跳槽時，我覺得自己順利實現了大學

時的職業生涯規劃,即將人力資源與動物醫學結合在一起。

> **· 行動清單 ·**
>
> 思考圍繞你的目標,你最想獲得的「超能力」是什麼?為了擁有這項「超能力」,當下你馬上可以做的事情是什麼?

3. 第三次破局,把「超能力」發展成職業

進入了喜歡的行業與公司後,我的興趣與愛好慢慢得到了培養,一切似乎都在朝著理想的方向發展。然而,在第 2 家公司工作了 1 年 2 個月後,我做出了離開職場的決定,並正式開始將自己的興趣與愛好發展成為職業。

離職前,我深刻記得那時我正在為人力資源部門招募一位培訓經理,這個過程長達 2 個月,但始終找不到合適的人選。我的老闆跟我說,招聘 35 歲以上的人要謹慎考慮⋯⋯這讓我開始對自己的職業生涯產生了疑問:如果 35 歲之後,我該做什麼工作?

當時,我的工作壓力非常大,加班成為常態。雖然有週休二日,但招聘的壓力讓我不得不每週至少花 1 天時間來加班處

理工作。同時，職場中的人際關係也變得越來越複雜，讓我感到身心俱疲。因此，每天回家後，我只想躺著休息，根本沒有精力去提升自己，更別提持續學並發展自己的興趣愛好了。此外，當時我的身體出現了一些狀況，頭上長了好幾處硬幣大小的圓形禿。醫生說，這可能是精神壓力達到一定程度後，身體發出的預警。

我好像找到了各種離開職場的理由，而且外部也有一股很強的力量在拉我離開職場。每天都有不少人添加我為微信好友，問我是否有與思維導圖和知識圖卡相關的課程，想報名跟我學習。當時，我在一個平臺上持續提供有價做思維導圖和知識圖卡的服務，也有微薄的副業收入。既然有副業收入，又有市場需求，我開始考慮抓住這個機會離開職場，出去闖蕩一番。

有時候，年輕也成為一種資本。與其等到35歲之後陷入尷尬的境地，不如現在借著時代的趨勢，用最低的成本去創業。自身能力的積累、外部需求的信號，給了我很大的勇氣和底氣，經過前後1個月的思考，我最終決定離職。

2018年12月離職後，我把自己清空了一下，去北方玩了2個月，體驗攝影之旅。2019年3月，我回到深圳，正式開始知識可視化方向的創業。2019年5月，我真的成了一名自由講師，開發了自己的訓練營，並且3天內就實現了人民幣2萬元的收入——與我剛畢業時每月人民幣2800元的工資相比，這是幾倍的差距。

2020 年，我成立了工作室，開發了三種系列課程，並且和 10 多家企業合作，月收入超過人民幣 10 萬元。2021 年，工作室聘請了全職員工，租了線下辦公場所，知識變現接近人民幣 100 萬元。

我常常覺得，這個時代真的太好了，給了很多普通人很多機會。

只要你有想法，願意付出時間和努力，這個世界就會給你應有的回報。過去我們談創業，可能需要各種資源的積累，而在行動網路時代，你只要有善於思考的大腦、勤勞的雙手，一台電腦或一支手機，就可以開創自己的一份小事業。

在這 2 年的時間裡，我感覺自己的成長速度比在職場快 10 倍。一個人就是一支隊伍，我自己做產品、做營運、做行銷，不斷提升自己的商業思維、管理能力。我克服了內心的許多障礙，越來越清楚地認識自己，也越來越對未來充滿期待。

創業後，我經常過著高強度工作的日子，雖然工作很辛苦，但內心是甜的。我也真真切切地體會到那句話：這世上沒有 100% 完美的工作，只是你能為了心裡那份熱愛，而所向披靡地去堅持、去克服、去迎接任何挑戰。

當你願意不計回報地付出時間和努力時，或許你就能找到內心的熱愛。而當你找到自己的熱愛時，同樣會有一些令你糟心的、難過的事情發生，但當你可以面對它們時，你已經有了打敗它們的勇氣。

我從大一學習動物醫學專業開始，探索做生物行業的人力

資源管理工作，再探索成為內容創作者，又持續探索成為思維導圖和知識圖卡筆記法講師。我的每一次探索都有了結果，我也終於找到了自己喜歡的生活方式，我越來越相信，這個世界上一定有你喜歡它並且它也喜歡你的工作，只要你去找，就一定能找到，只要你努力行動，就一定能成功。

念念不忘，必有迴響。理想是長出來的，是你花時間和精力去澆灌出來的。不滿現狀，就要積極成長，解決一個又一個的問題，這樣你就能找到自己內心的方向。

・行動清單・

思考如何把你的「超能力」變成你的職業。

2 面對焦慮,如何向內探索找到力量

向你介紹了我的職涯探索之旅後,我想給你提供一些具體可行的方法,幫助你更好地進行職涯探索,這些方法主要圍繞我們應如何認識自己和了解世界。

尋找熱愛的事業的第一步是認識自己,認識自己也是一生的課題。我在探索和規劃自己的職涯並且慢慢實現規劃的過程中,發現有一種力量非常重要,那就是保持樂觀,發現自己的力量。

這 2 年我做了近 200 場諮詢,發現很多人不知道自己喜歡什麼,不知道自己擅長什麼,他們很少去思考自己真正想要什麼。如果你真正地認識自己,知道什麼是對自己最重要的,就會在面對很多選擇時比較從容和淡定,也不會人云亦云。

所以,這一節我想和你分享我曾經用過的自我覺察工具、職涯測評工具,來幫助你更好地認識自己。

1. 覺察思考，透過自己認識自己

我是誰？我從哪裡來？我要前往哪裡？這三個問題，可能大多數人都沒有認真思考過。讀高中時，只想未來考上好大學；讀大學時，只想畢業後找到好工作；工作後，只想按部就班地成家立業。

人生的每個階段好像都有個站，我們到站後，取一張票，繼續匆匆上路。可是我們好像沒有想過，我們最終要前往哪裡，要用怎樣的方式度過這一生。我們好像也沒有想過，未來和自己的兒孫說起自己的故事時，希望自己在他們的記憶裡留下什麼樣的印象。

關於我是誰，我要成為一個什麼樣的人，印象中，我有兩次非常深刻的自我思考。

（1）重要的不是結果，而是過程。

國中時期的一天晚上，我收到了很多來自家人的訊息——家裡的經濟狀況不好，他們希望我好好讀書，考上好大學，有出息，等等。當聽多了家人的期待後，我開始有了第一次嚴肅的思考：長大後我到底要做什麼？怎樣才算有出息？

我給自己想了三個答案。

長大後，為了父母，我想成為一名醫生。希望他們身體不好的時候，我可以替他們看病，讓他們長命百歲。

長大後，我想成為一名老師。因為我不喜歡父母的教育方式，所以為了我未來的子女，我要成為一名老師，更好地教育他們。

長大後，我想成為一名作家。我想寫好多本書，因為我熱愛寫作，我喜歡把自己的思考和感悟都寫下來，分享給很多有需要的人，影響很多人。

在這三個答案的背後，我們可以看到三種思考。

思考一：關於我要成為一個什麼樣的人，當時的我把這個問題的重點放在了「未來我要做什麼工作」上，把「我想成為一個什麼樣的人」和「未來我要做什麼工作」綁定在了一起。

思考二：在思考「未來我要做什麼工作」的時候，我優先考慮誰需要我，同時我需要滿足誰的期待，於是我先考慮父母的需要，再考慮子女的需要，最後才去考慮自己真正想做的是什麼。

思考三：「未來要做什麼工作」取決於我們內心深處的喜好是什麼。

關於「我是誰，我要成為什麼樣的人」，重點不在於你最後真的要成為你想成為的那個人，而在於這個問題會讓你在當下就可以更認真地生活，更有方向地開始行動。當你真正開始行動起來時，你人生的各種可能性就會增加，你會主動擁有和創造一些東西。

有一次，我接待了一位朋友，她說：「我最近很難受，因為我要被迫離開熟悉的城市，去新的城市，我也不喜歡現在的工作，想重新找工作，但是我不知道自己應該找什麼樣的工作。現在我的情緒非常低落，我不知道該做什麼。」

為了更好地了解她，我幫她梳理了從大學指考到現在的經

歷。我們發現，她的每一個重大決策都不是自己做的，做那些決策的人要嘛是父母，要嘛是另一半。而畢業後找工作，她也覺得自己只能找與科系相關的工作，於是就按部就班地找了這份工作。而當原本的環境改變，她要重新開始時，她就完全不知道該如何做選擇。接著我問她：

你最喜歡做的事情是什麼？
你做什麼事情會開心？
你最擅長的事情是什麼？
令你最有成就感的事情是什麼？

我問的每一個問題都讓她不知道該如何回答，她很難想到自己有什麼真正喜歡的事情、感興趣的事情。我問到最後一個問題時，她忍不住流眼淚了，說：「畢業 7 年了，原來我對自己一無所知，我一點都不了解自己，我一直活在別人的期待裡，我感覺很難過。」

我跟她聊完後，也覺得很難過：認識自己是一生的課題，可怕的是，許多人從來沒有正視過這個課題。

許多人習慣了聽別人說在每個年齡階段應該做什麼，就去做什麼；什麼工作是大眾眼中所謂的好工作，就去做什麼。許多人一直在用別人的標準和期待來設計自己的人生路徑，從來沒有自己思考過。

世界在變化，社會在進步，別人也在成長。如果我們總是

依賴他人的標準和期待來生活，從不自己去思考和理解這個世界變化的規則是什麼，那在不斷的變化中，我們就不能根據這個規則即時調整自己的人生計畫。沒有判斷力的我們，就像一艘沒有指南針的船，隨時都有偏航的危險。

環境的改變使很多產業和職位受到影響，但也有很多人，憑著一腔熱忱，找到了新的土壤。我漸漸發現：職涯並不是不變的東西，我們的價值觀和興趣才是真正的指南針。時時擁有自己的指南針，任世界如何變化，我們都能知道方向在哪裡，都能充滿期待地找到適合自己興趣的土壤，重新開始。

（2）這不是靜態思考題，而是終身思考題。

第二次思考「我是誰，我要成為什麼樣的人」時，我的思考更加深刻了。

2018 年，在職場內部環境的壓力（意識到年齡將成為人資管理職位的發展天花板，且自身身體出現狀況），以及職場外部環境的拉力（成為思維導圖與知識圖卡筆記法講師的召喚）雙重作用下，我開始重新思考這個問題：我到底要成為一個什麼樣的人？

選擇一：在人力資源管理產業繼續埋頭苦幹，突破 35 歲的瓶頸，或者 35 歲之後再創業。

選擇二：直接離開職場，去做自己更想做的事情，實現 2016 年種下的自由工作夢，全力以赴，看看自己能走多遠。

我相信只要我們找到自己熱愛的事情，就省去了很多不必要的堅持。為了避免頭腦發熱做出衝動的決定，我決定重新認識

一下自己,於是又借助圖 1-1 給自己做了一次全面梳理,將自己 2018 年全年的經歷梳理了一下,按照以下幾個步驟進行了思考。

我想成為一個什麼樣的人						
月份	能量值	成就事件	興趣萃取	能力萃取	找到結合點	行動計畫
1 月						
2 月						
3 月						
4 月						
5 月						
6 月						
7 月						
8 月						
9 月						
10 月						
11 月						
12 月						

圖 1-1　成就事件萃取興趣、能力圖

① **賦予能量值。**

用 0～10 分給自己的能量值打分。這裡的能量值是指你的狀態,代表你每個月的滿意度,是你的心情好壞及自我價值感高低的一種體現。

② **挖掘成就事件。**

提煉自己每個月的成就事件。成就事件是指讓自己感到開

心、快樂、滿意的事情,也包括你覺得做得很棒的事情、獲得他人肯定的事情。

③ 萃取興趣方向。

梳理完後你會發現,能量值高的月份,梳理出來的成就事件比較多;能量值低的月份,梳理出來的成就事件比較少。這樣你就能察覺到自己的興趣是什麼。比如我梳理完後,發現能量值比較高的幾個月份都是我出去旅遊,進行深入學習,做自我探索和思考的月份。你可以把自己所有與興趣相關的成就事件歸為幾個大方向,比如我當時萃取出來的興趣方向有:攝影、旅遊、視覺設計、自我探索、邏輯思考(本書中「萃取」表示提煉、歸納之意)。

④ 萃取相關能力。

有些成就事件的達成是源於你獲得了他人肯定,取得了好成績,你可以從這些成就事件中萃取出一些自己已經具備的能力。比如我萃取出的能力有:攝影構圖、設計排版、知識萃取、自我思考與定位、邏輯思考與統整。

⑤ 找到興趣和能力的結合點。

思考把興趣和能力結合在一起,會產生怎樣的職業。比如當我把興趣和能力結合在一起時,我發現第一個結合點是視覺,無論是攝影,還是思維導圖與知識圖卡這種把知識變成圖像的方式。

都是一種視覺表達;第二個結合點是我很喜歡進行自我探索和自我思考,很關注自我成長;第三個結合點是我很喜歡做

有深度的邏輯思考，享受邏輯思考的過程。所以，最後我勾勒出了一個這樣的形象：我是一個陽光溫暖有力量、內心平和而豐盈、關注自我成長並持續影響他人、喜歡進行深度思考的視覺筆記工作者。而最終，我也要朝著這樣的形象努力，成為更美好的自己。

⑥ **找到具體職位，去試錯。**

關於「我是誰，我想成為一個什麼樣的人」，這次我給出的答案不再是一個簡單的職業，而是一個職業群，最後的落腳點是「視覺筆記工作者」，這是我自創的詞，可以包括攝影、設計、知識的視覺呈現等一系列與視覺相關的事情。但應該先從哪件具體的事情開始呢？

接下來，就是尋找市場需求，進行試錯的過程。

在視覺筆記工作者的範疇裡，我在 2019 年 1 月先去嘗試了攝影旅遊，體驗了把生活視覺化的感覺；發現風險較大且成本較高後，我於 2019 年 3 月回歸到知識視覺化的產業，聚焦思維導圖和知識圖卡方向。在這個過程中，我透過「做中學」，慢慢地提升了一些其他能力。這個定位直到現在我還在實踐。而我每次想到這個定位的時候，我的內心就充滿了力量，感覺還有很多神奇美妙的事情等著自己去發現。

當我遇到困難、挫折、挑戰的時候，我也會想到這個定位，然後告訴自己：不著急，慢慢來；只要方向是對的，慢一點也沒關係。持續去做你喜歡的事，圍繞興趣慢慢提升自己的能力，終有一天，你可以把熱愛變成自己的事業。

> ・行動清單・
>
> 嘗試去做一次全面的思考,使用文中的工具來思考你想成為一個什麼樣的人。

2. 工具測評,借助外力了解自己

除了察覺與思考之外,使用測驗工具也是一種認識自己的方法。

我在大學進行職涯規劃時,做過一次霍蘭德職業興趣測驗,藉此來了解自己喜歡什麼樣的工作。霍蘭德職業興趣測驗將人的職業興趣分為 6 種類型,具體如下:

事務型(C):這類人喜歡有秩序、有固定要求與標準的工作,代表職業有會計、文字編輯等。

現實型(R):這類人喜歡手作類型的工作,代表職業有園藝師、木匠等。

研究型(I):這類人喜歡探索、探究、思考,代表職業有實驗室人員、生物學家、化學家等。

藝術型(A):這類人喜歡自我表達,喜歡富有創造力的工作,代表職業有設計師、作家等。

社會型（S）：這類人喜歡與人相處，喜歡幫助別人，代表職業有教師、心理諮詢師、護理師等。

企業型（E）：這類人喜歡領導和支配他人，敢於承擔風險，代表職業有業務員、企業家等。

霍蘭德職業興趣測驗並不是直接幫你確定某個職業，而是幫助你縮小職業探索的範圍，讓你更快、更精準地找到自己熱愛的工作。

我在大一做這個測驗時，得到的興趣組合代碼是 EAR，也就是企業型、藝術型、現實型，這代表我會對文化、藝術、設計類，以及與市場、業務相關的工作更感興趣。

如果沒有做這個測驗，我可能會非常盲目地去嘗試，不知道自己適合做什麼，也不知道可以先去嘗試什麼。做完這個測驗後，我突然覺得自己看世界的鏡頭慢慢聚焦了，雖然還是有些模糊，但比原本那種「一片茫然」清晰了很多。

因為做了這個測驗，我選擇參加了一些與藝術、設計等相關的社團活動，例如參加學校某個社團的 Logo 設計比賽、加入學校的藝術團，在節日時擺攤賣蘋果、成為校園大使、代言遊學專案等等。我更加精準地去嘗試、去體驗，也去察覺與感受自己是否真正喜歡並擅長這些。

當你總是依自己的興趣去做事情的同時，又能培養自己在這一方向上的能力，還能因此獲得回報時，你就真正地找到了自己的職業甜蜜點——也就是興趣、能力、價值回報三者的疊加。

2021 年 10 月，我又做了一次霍蘭德職業興趣測驗，測驗

結果是 ASE。我驚喜地發現，這三個職業代碼非常符合我現在的工作。

A 代表我喜歡藝術，這與我現在教授的思維導圖與知識圖卡的視覺呈現方法非常契合；

S 代表我喜歡服務他人，喜歡做社會類的工作，這與我現在作為老師分享知識、進行技能教學的工作非常相符；

E 則代表我喜歡領導和帶領他人，這與我現在正處於創業階段、帶領團隊的狀態相當匹配。

所以，我的職業興趣正是我現在所從事的事情。而又因為這些事情，我找到了自己的價值，並獲得了相應的回報。我現在就正處在「職業甜蜜點」中，工作滿意度非常高。

所以，你也不妨透過霍蘭德職業興趣測驗來發掘自己的職業興趣。除了霍蘭德測驗之外，還有其他一些職涯測驗工具可以使用，例如：蓋洛普優勢識別、MBTI 職業性格測驗、DISC 性格測驗等。

· 行動清單 ·

透過霍蘭德職業興趣測驗，測一測你的職業興趣，並為你的職業興趣去做一些嘗試。

3　思維受限，如何向外拓展發現機會

要找到熱愛的事業，第一步是認識自己，第二步是盡可能多地了解世界。有時候你不會做選擇，是因為你不知道有哪些選擇，不知道人生還有哪些可能性。但當你走出去，你會發現人生有很多種有趣的活法，你會發現你有多種人生可供選擇，這些選擇總有一種可以滿足你的期待。

你的視野決定你當前的選擇，你所認識的世界，決定你人生的可能性有多大。要知道這個世界到底有多精采，你需要躬身入局去看看。

1. 全網搜尋，拓寬視野尋找新可能

我常常驚嘆：這個世界的職業太奇妙了，遛狗這件事也可以成為一種職業。如果你在網路上搜尋「遛狗師」，會跳出一堆資訊：

遛狗師月入破萬；
有一種職業叫作遛狗師，看完我羨慕了；

專業遛狗師8年遛狗超過5萬隻；
....

《商業模式新生代（個人篇）》裡提到了一名攝影師，他的名字叫安德烈亞・韋爾曼。由於特殊原因被公司解雇後，韋爾曼給了自己一段時間去重新發現自己。

韋爾曼從小就喜歡跑步和遛狗，於是離職後，他就每天帶著狗，一邊遛狗一邊跑步。偶然的一次機會，韋爾曼了解到有一種職業叫作遛狗師，於是他開始思考自己有沒有可能成為一名遛狗師。

韋爾曼打電話問朋友是否願意付費請自己遛狗，朋友很爽快地答應了。隨著客戶越來越多，韋爾曼也組成了自己的遛狗團隊。就這樣，韋爾曼把遛狗這件事發展成了自己的職業。

這個故事大大地啟發了我，於是我想去看看人生還有哪些可能性。

2018年，在我不確定是否要離職的時候，我開始去發現身邊有沒有關於自由工作者的組織或活動，因為我想認識一些有趣的人。

有一次，為了真實了解自由工作者的工作場景，以及他們到底是透過什麼技能來實現自由工作的，我參加了一場實體活動。那場活動邀請了100名自由工作者來分享他們的工作、技能、故事。

這群人中，有人開民宿、有人做字體設計、有人玩花藝、

有人是城市導覽員，還有人靠氣球低成本創業……我參加完活動後，心裡直呼：哇，原來還可以這樣，這樣的人生好酷啊！

同時，我也認識到了自由工作的另一面：

原來自己雇用自己、自己給自己打工，是快樂幸福的，但又是無比辛苦的。

參加完那場活動後，我心潮澎湃，開始相信：只要你想，真的沒有什麼不可能。

所以從那以後，我一點也不擔心未來會無事可做，也不擔心沒有工作。因為只要你心中有熱愛，找到任何一個小小的需求，你就可以去創造，創造出一個屬於自己的職業。

那場活動也讓我萌生了想趕快去嘗試新生活、快點為自己的自由工作努力的念頭。

這2年我也認識了很多朋友，他們有非常新穎的職業，並且正在努力打造自己的個人品牌，比如催眠師、學習療癒師、個人成長教練、跑步教練、飯店試睡員等。

他們在認識我之前，萬萬沒想到，做思維導圖和知識圖卡也可以發展成一門職業；而我在遇見他們時，也不曾想過，原來世界上還有這些職業。

比如我有一位朋友，她是專門為球形關節娃娃（Ball-jointed Doll，英文縮寫 BJD）製作衣服的，她在這個細分領域做到前幾名，建立了自己的事業；還有一位朋友，剛畢業時是做護理師的，後來逐漸發現自己很愛聊天，也很喜歡與人溝通互動，於是開始做私聊成交，慢慢成為一名私聊成交師，主要

做 1 對 1 的行銷諮詢服務，也開發了相關課程教別人如何進行產品銷售。

世界變化得越快，新的機會就越多，社會分工也就越細，你的最佳職業也因此而不斷變化。比如現在的個人品牌商業顧問、社群經營顧問，都是以前沒有的職業。

挑幾件你感興趣的事情作為關鍵詞，在網路上搜尋，把與職業相關的內容都找出來，了解一遍，或許你就會發現一片新大陸。有些你想做卻一直不敢做、不知道怎麼做的事情，或許在這個世界上正好有人在做，你可以去看看別人是怎麼開始的。有時候，我們能夠從別人的人生裡看到自己的影子，然後了解自己想要去哪裡。

> **· 行動清單 ·**
>
> 以你的職業或你想從事的職業為關鍵詞，去網上搜尋，看看對現在的你有什麼啟發。

2. 職業訪談，深度了解職業的真相

有時候，我們很難做決定，是因為未來有太多的不確定性；我們會迷茫，是因為我們對未來想要做的事情一無所知就匆忙做了決定。在選擇職業的時候，為了避免以上現象，我們可以嘗試一個非常重要的活動——職業訪談。

在計畫畢業後做人力資源管理工作時，我想了各種辦法去了解這個職業的真實面貌。比如參加學校的春季徵才會，在校園徵才中與人力資源管理人員對話，

了解本行業對人力資源管理職位的要求；同時添加了幾位人力資源管理人員的微信，密切關注他們的微信朋友圈，了解他們的工作日常；和其中的一位人力資源管理人員保持長期的聯絡，透過電子郵件和電話溝通，嘗試去了解以下這些問題。

人力資源管理人員的一天是如何度過的？
一個優秀的人力資源管理人員要具備的三種能力是什麼？
人力資源管理人員經常與哪些同事和部門打交道？
在人力資源管理方面，對新人而言最大的挑戰是什麼？
畢業後如果想成為人力資源管理人員，我要做哪些準備？

後來我才知道這個過程叫作職業訪談，它是指當你對某個職業不了解的時候，去找已經在這個行業的人談話，透過他人的經驗來進一步了解真實的崗位情況。職業訪談的對象可以是

自己圈子裡的,例如你的學長學姐。如果你想要找更專業的訪談對象,也可以去相關平臺找專家諮詢。

建議你在找專家諮詢之前,先去網上搜尋相關的職業資訊,閱讀相關的書籍,以幫助自己進一步了解這個職業;然後根據自己的理解,列幾個你最想了解和確認的問題,再去找專家諮詢,讓對方給你一些建議和指導,以優化你未來的行動。

新精英生涯創始人古典老師寫的《拆掉思維裡的牆》這本書裡提到了職業訪談問題清單,如圖 1-2 所示。

職業訪談問題清單

1. 能否說說您在職場中的一天是怎麼度過的?
2. 在這個領域做得不錯的人,一般都具備怎樣的能力和性格特徵?
3. 您是怎麼進入這個領域的?什麼樣的教育背景或工作經驗對進入這個領域會有幫助?
4. 這個行業的薪酬結構大概是怎樣的?除了工資,您最大的收穫是什麼?
5. 您今後幾年的規劃或更長遠的規劃是什麼?這個行業的晉升空間大嗎?這個行業的升職制度是什麼?同事中跳槽的人多不多?這個行業的考核是怎樣的?
6. 今後 3～5 年這個行業的發展趨勢怎樣?公司前景如何?影響這個行業的因素有哪些(比如經濟形勢、財政政策、氣候因素、供貨關係等)?

7. 對我的履歷，您有哪些修改建議？
8. 我從哪裡可以獲得相關的專業資訊（比如微信公眾號、網站、論壇、專業期刊等）？如果我準備好了，如何申請成功率會更高？
9. 根據今天的談話，您認為我還應該跟誰談談？能幫我介紹幾位嗎？約見他們的時候，我可以提您的名字嗎？您還有沒有其他建議？

內容來源｜古典《拆掉思維裡的牆》

圖 1-2 職業訪談問題清單

如果你對某個職業感興趣，試著揭開該職業表面那一層光鮮的面紗，去看看這個職業背後辛苦的那一部分。當你做完職業訪談，了解了這個職業的真實面貌，對於好的方面充滿期待，對於不好的方面也願意全力以赴地去體驗、應對和接受挑戰時，那就勇敢地去嘗試吧！

・行動清單・

找一個資深的業界人士做一場職業訪談。

3. 親自體驗，深度探索熱愛的職業

比起職業訪談，更能真實地了解職業情況的方法是親自體驗。與其成為旁觀者，不如躬身入局，親自去體驗。

如果你還在學校，不妨利用假日去實習，去體驗你想從事的工作；如果你已經在職，則可以透過參加社群活動或培訓的方式去了解。如果你想全身心地去體驗一番，也可以考慮在離職後別急著找全職工作，去做一些兼職性質的工作來了解它們的工作節奏和工作場景。

2018年底，我決定成為一名視覺筆記工作者時，我給自己定了兩個方向，它們分別是生活的視覺記錄者和知識的視覺設計者。

生活的視覺記錄者是用相機記錄生活中的一切，朝著攝影師的方向發展；知識的視覺設計者是把知識設計成邏輯結構圖，讓知識更易懂。

我選擇了先去體驗成為一名生活的視覺記錄者，但自己畢竟不是一名專業的攝影師，經濟儲備也不是很多，該如何讓自己擁有這種體驗呢？我用了前文提到的「上網搜尋」法，在網路上搜索「義工旅行」「攝影師」等詞，想像著能找到一家民宿──需要義工又有攝影業務，那我就可以近距離地觀察了解。做義工可以解決我的吃住問題，攝影業務可以讓我擁有實習的機會。

當我在豆瓣、馬蜂窩、新浪微博展開搜尋時，我真的找到

了。我發現了一家民宿，老闆是「網紅」，在馬蜂窩上有幾十萬粉絲。他還是一名攝影師，在視覺中國上有很多作品，這家民宿開在長白山，並且有旅拍業務。這簡直太好了，看到他正在招募義工後，我興奮不已，馬上用思維導圖做了一份匹配的履歷，展現自己是個能吃苦並會熱情招待客人的人，有飯店行業的工作經驗，還準備了幾張攝影作品，體現我可以在旅拍業務上提供幫助。另外，我還特意聲明自己馬上會有一個休息年（間隔年），可以盡可能長時間擔任義工。在做好了充分的準備並跟老闆通電話告知這些信息後，我獲得了這次機會。

離職後，我從深圳到長白山，坐了兩趟高鐵、一趟火車。我計畫了個半月的時間，準備讓自己去體驗真實的生活旅行家的日常，體驗用攝影記錄生活的感覺。我深刻地記得，推開民宿的第一扇門，撲面而來的節日氣息，讓我對接下來的時間充滿了期待。

在長白山的民宿做義工時，我把自己當作一名店長，接待店裡來來往往的客人，每天計算客房的住房率，招待從天南地北來到這家民宿的客人。有時民宿會舉辦聚餐，於是我會秀出我做南方菜的廚藝。為了讓自己近距離接觸攝影，我經常觀察當地的攝影師在跟拍前做的準備工作，以及後期的修片工作。跟隨攝影師一起外出拍照時，我會留意攝影師經常找的一些景點和角度。

在一段時間的默默積累後，我獲得了第一次跟拍旅客的機會。原攝影師生病了，急需新攝影師頂替，於是我自告奮勇，

開始了第一次跟拍之旅。我背著三個鏡頭，還有很多攝影的道具，以此來展現自己的專業性。我坐了個多小時的車才到達目的地，當時我的任務是跟拍兩個小女孩。第一次跟拍沒有失誤，出了很多圖，這使我有了很大的自信，但同時我也遇到了一些問題：

三個鏡頭非常重，我一整天都要背著相機及道具，第二天腰痠背痛；

整天都在寒冷的天氣下活動，我被凍得不行；

拍了很多照片很興奮，但我發現自己更享受拍的過程，而不是後期的各種修圖調整。

很多時候，我們對某個職業會抱有一種幻想，可是你真正去嘗試的時候，就會發現一些不曾想過的困難。

如果你願意為了自己喜歡的那一部分去克服眼前的困難，那麼你就繼續；如果不能，或者馬上退縮了，那或許該職業還不是你的所愛。

有了第一次經歷之後，我並沒有放棄，我希望自己可以更多地去了解這個職業，以確定它是不是我喜歡的。所以，後來我又有了六次跟拍的體驗，體驗多了之後，我的思考也更加深入了：

這樣的工作要一直奔波在路上，這是我喜歡的狀態嗎？

我要付出多少時間和努力，才能在這個行業裡紮根？

要成為一名成功的生活的視覺記錄者，我還需要付出哪些東西？

以目前的經驗積累，我往攝影轉型有沒有優勢？

如果繼續往下走，我能想像自己的未來嗎？

我願意接受這種風吹日曬雨淋的戶外工作嗎？

當問自己願不願意一輩子做這件事的時候，我又猶豫了。

我很喜歡攝影，但是我當下的能力不足，而且我不喜歡修圖和做影片，只喜歡將美好定格成畫面，因此我可能不適合將其發展成職業甚至事業。最終我覺得可以將攝影這件事當作興趣，有時間玩玩，沒時間就不去管它。

而在知識的視覺呈現這條路上，我已經有了 2 年的積累，個人品牌效應也慢慢形成了。所以我往知識服務方向、教育方向發展，或許更能結合自己的興趣和能力。由此我也總結出來一個道理：有的興趣，你真的只能把它當作興趣，而有的興趣，你可以把它發展成事業。

當我把很想去體驗的生活體驗了之後，我也明白了自己最想做的是什麼，以及最擅長的是什麼，也更能安心地去嘗試下一份工作了。

在不斷向外探索和嘗試的過程中，我們應該有一種非常重要的心態：不念過往，不畏將來。有人會問我：「莎莎，你大學學了 5 年的動物醫學，畢業卻從事了人力資源管理，做了 2 年人力資源管理後，又離職從事了知識可視化方向的工作，那你過去的大學是不是白讀了？行業經驗是不是白積累了？而且

你的工作換來換去的,這是不是代表你做一件事不夠堅持?」

5 年的大學時光裡,其實最重要的不是學到知識,而是心智的成長。這個世界上沒有白走的路,你讀過的所有書,經歷的所有事,會沉澱成你的思維和能力,在未來的很多事情上發揮作用。很多人在找工作時,只是因為自己學了某個專業,所以就找對應專業的工作,但如果自己不喜歡不擅長這類工作,就只是浪費了光陰,辜負了自己的天賦和特長。

其實很多時候,時間是最大的成本,我們在做職業規劃時要做到及時止損。在舊機會無法滿足你,你又遇到新機會的時候,一旦發現新機會更適合自己,就要盡快去勇敢前行,不要對過往念念不忘。

在做職業生涯規劃時,與極速行動相反的是遲遲不能行動,不願意接受任何決策帶來的風險。有時候我們總希望能弄清楚自己最終想要的是什麼樣的生活,然後畫出固定的路線,一步一步地去做,並且最好在這個過程中,不會有什麼意外發生。我們還希望有人告訴自己,到底要付出多少努力才能獲得回報,如果知道自己要付出很多努力但不見得有回報,那還不如直接放棄。

但是有時候,我們就是無法確定自己的方向,那就試著不找燈塔,找山頂。在視野範圍內,你不一定看得到燈塔,但是你目光所及的最高點一定有一個山頂。在力所能及的範圍內,先以一個你能看到的山頂為目標,去攀登,等拿下這座高山後,你會看到更大的世界,然後再找一個新的山頂作為目標,

去拿下那座新的高山。

人生不在於按部就班地前行，而在於不斷地攀登，挑戰一個又一個目標。當你征服一座又一座高山的時候，你會發現，你站得高了，也看得遠了，景色也變美了，你終於知道自己最想去哪裡了。

這個世界沒有永遠的確定性，只有永遠的不確定性，怎麼辦？那就擁抱不確定性，在各種不確定性中保持靈活自如，在各種挑戰面前永不止步。與其因尋找確定性站著不動，不如因擁抱不確定性靈活行動。

> **·行動清單·**
>
> 找一個資深的業界人士做一場職業訪談。

2

專業力　搭建穩定的體系

專注和專業,是你的護城河。
如果你很迷惘,不如找到自己熱愛的事情,
並一點一點地讓自己更專業。

1　從零開始，搭建知識體系

很多人儘管學了很多知識，但總感覺知識用不上，也分享不出去，原因主要有三個方面：一是沒有畫成長路線圖，沒有明確階段性的學習重點，所以盲目地學了很多；二是沒有把學的東西串起來，搭建自己的知識體系；三是沒有去挖掘知識的應用場景，建立知識與場景的連結，所以學了很多知識都用不上。

1. 畫成長路線圖，明確階段性重點

我們如果要自駕去一座陌生的城市，一定會查一查路線圖，看看有幾條路線，每條路線的交通狀況如何，先到哪裡，再到哪裡，路上有幾個服務區，以便更從容地上路。學習也是一樣，如果想把熱愛變成事業，就需要在現實和理想之間畫一張清晰的路線圖。這張路線圖就是你的成長路線圖，能指導你一步步地搭建自己的知識體系，幫助你把理想變成現實。

舉個例子，2016 年的時候，我想在 3 年後成為一名知識型自由工作者，於是把成為自由工作者作為目標，並根據目標畫

了一張路線圖，具體畫法如下。

（1）拆解必經之路，分成幾個階段。

如果你未來的職業方向是獲得公司裡某個具體的職位，那你可以找到它的具體晉升路徑，慢慢滿足目標職位的要求。如果你未來的職業方向是像我一樣成為自由工作者，那你可以去了解專業領域內做得好的講師的經歷，看他們經歷了哪些階段，分別做了哪些事情。

為了實現知識變現，我當時劃定了如下五個階段。

第一階段，搭建知識體系：選定方向做高強度的輸入、內化、輸出。

第二階段，建立個人品牌：多分享，多與外部建立連結，體現自己的專業性，慢慢在他人心中建立影響力。

第三階段，打造知識產品：多實踐，多解決問題，積攢相關經驗並使其變成顯性知識，打造自己的知識產品。

第四階段，營運行銷變現：面向精準用戶推出自己的知識產品，做好營運和交付，持續變現。

第五階段，創立平臺，在市場中形成影響力。

（2）羅列每個階段需要提升的核心能力。

在搭建知識體系、建立個人品牌、打造知識產品、營運行銷變現、創立平臺這幾個階段中，每個階段的核心目的不一樣，所以你需要提升的核心能力也不一樣。回顧這幾年的成長，我將每個階段需要提升的核心能力規劃如下。

第一階段，搭建知識體系：提升自己的專業能力、學習能

力，多看與認知學科、學習以及底層原理相關的書籍，還要提升自己的邏輯能力，在做事情時擅長找到底層規律。

第二階段，建立個人品牌：提升寫作能力和演講能力，透過文字或語言展現專業知識，與他人建立連結，同時提升社群媒體平臺營運能力，開始經營社群媒體平臺，累積粉絲。

第三階段，打造知識產品：提升用戶思維、課程開發能力和產品設計能力。

第四階段，營運行銷變現：提升營運能力、行銷能力和統籌能力，營運用於放大產品價值，行銷是把產品賣給更多人，統籌是管理整個團隊、整個專案。

第五階段，搭建平臺：提升自己的資源整合能力、商業思維能力和連結能力，將自己的產品更好地推向市場。

（3）評估每個階段所需要的時間。

評估每個階段所需要的時間，設定時間週期也很有必要。評估每個階段所需要的時間時，你可以借鑑業界成功人士的經驗，了解他們在累積階段做了哪些事情，分別花了多少時間。你也可以根據自己每天可以投入的時間來評估。

我按照以上步驟中設定的不同階段、所需要提升的核心能力和計畫所用的時間畫了一張成長路線圖，如圖 2-1 所示。

成長路線圖

以知識型自由職業者為例

未 來 的 你

階段	三大核心能力			計畫時間
【第五階段】 搭建平臺	資源整合能力	商業思維能力	連結能力	1～2 年
【第四階段】 營運行銷變現	營運能力	行銷能力	統籌能力	0.5 年
【第三階段】 打造知識產品	用戶思維	課業開發能力	產品設計能力	0.5 年
【第二階段】 建立個人品牌	寫作能力	演講能力	新媒體平臺營運能力	0.5～ 年
【第一階段】 搭建知識體系	專業能力	學習能力	邏輯能力	1～2 年

現 在 的 你

@ 小小 sha·原創圖卡

圖 2-1　成長路線圖

　　值得注意的是，我們在畫成長路線圖時，每一個階段並不是獨立的。

我們在建立知識體系時，依然可以對外分享、與外界建立連結，慢慢地建立個人品牌；建立個人品牌時，我們也可以根據使用者和粉絲的需求來打造知識產品，為個人品牌商業化做準備⋯⋯每個階段有主要任務，也有輔助任務，環環相扣。但切記不要在地基還沒有打穩的時候就著急變現。當輸入跟不上輸出、成長跟不上使用者的需求時，你就會逐步消耗自己，無法提供好的服務，進而慢慢失去使用者的信任。

> **· 行動清單 ·**
>
> 圍繞你理想的職業，畫一張你的成長路線圖。

2. 找概念名詞，打穩專業基礎

　　所謂的「獨立思考」是少有人能夠擁有的高階能力，對其最樸素的描述無非是能夠獨立、正確地使用那麼幾個概念。

　　如果你想在某個領域變得專業，就必須儘可能多地弄懂這個領域的概念。

當對方詢問本領域的某個概念時,你可以馬上回答對方;當有人問你某一概念與另一概念的關係時,你能馬上說出它們的定義和區別是什麼。

我在圍繞思維導圖和知識圖卡建立知識體系、建立個人品牌階段做了以下幾件事:

① 全網搜尋與思維導圖和知識圖卡相關的文章,將其整理成文件合輯並逐一閱讀。

② 列出相關的概念,把概念抽離出來並逐個了解其具體涵義。

③ 根據搜尋到的具體涵義,將重要的概念做成概念卡片,透過圖解的方式讓自己理解這些概念。這些概念包括邏輯、結構、模型、框架、發散、歸納、收斂、結構優先效應等。

真正弄懂了這些概念後,我覺得自己的專業基礎非常紮實,並且在梳理自己的知識體系和做課程開發時,也相對容易。理解概念是建立知識體系的基本功,基本功修煉好了,建造的高樓大廈才會更加牢固。

如何找到某個領域的 100 個概念?以下是一些建議:

① **搜尋文章**:除了使用百度搜尋外,還可以使用 Google 搜尋,圍繞關鍵字搜尋出一系列文章,優先看點閱率比較高、留言比較多的文章。這些文章的含金量比較高,你可以嘗試閱讀 20 篇左右,並把這些文章裡的概念挑出來。

② **搜尋書籍**:以專業領域的術語為關鍵字,打開電子書資源平臺,搜尋與該領域相關的書籍,並從中選出 10～20 本。

再從這 10～20 本書中選出 3～5 本精讀,記錄書裡提到的一些概念。

③ **相關論文：** 去學術資料庫查找相關論文,可以幫助你更充分地了解某個領域的概念。比如我在建立思維導圖的知識體系時,就會透過論文了解了一個非常重要的概念——學科思維導圖,這個概念對我後來建立思維導圖的知識體系起到了非常重要的作用。

100 個概念只是一個大概的說法,你可能並不需要找到 100 個；如果概念不夠,模型、名人故事都可以,重點是你搜尋了解專業領域概念的過程。當你把這些概念都挑出來並且深入理解後,你的知識體系就會更穩固,也會更經得起考驗,你的思考也會更全面。面對使用者提出的問題,你更能舉一反三,更有底氣地回答他們。專業就是你「行走江湖」的底氣。

· 行動清單 ·

圍繞你選擇的領域,盡可能整理出 100 個概念。

3. 挖掘應用場景，專業價值最大化

　　判斷一個人是否專業，不僅要看他腦海裡有多少理論知識，還要看他能不能解決真實情境中的許多問題。很多人經常會陷入學科式學習，而不是進行應用式學習。

　　學科式學習，是指陷入知識的世界中，越學越深、越學越開心，但只是滿足自己的求知慾；應用式學習的目的是解決現實生活中具體情境中的問題，每學一個知識點都能夠用來解決生活中的某個問題。

　　成年人在時間非常有限的情況下，學習時可以先滿足生活需求，再滿足精神需求。學習的第一層目的是學以致用、解決問題。所以想要提升自己的專業能力，除了學習知識，還必須弄清楚專業知識可以幫助哪些人，解決哪些具體情境中的哪些問題。能解決的問題越多，應用範圍越廣，你的專業知識就越有價值，你也能更快進入專業變現的階段。

　　舉個例子，很多人知道攝影師一般從事的工作是節目製作、廣告拍攝、婚紗攝影、生活攝影等，而隨著知識付費和知識服務的興起，大型會議和實體課程也需要全程跟拍。這一方面是為了傳遞會議或課程的商業價值，與會者一旦發社群平臺分享，就起到了宣傳效果；另一方面，與會者不僅收穫了知識，還獲得了可以帶走的美照，他們就會有非常好的附加體驗。我的一位朋友之前是從事人像攝影的，現在則是為知識型個人品牌或創業者拍照、做短影音，用照片和影片記錄個人成

長故事,透過攝影為知識 IP 塑造專業形象並傳播品牌故事。

我剛開始做思維導圖時就探索了思維導圖的很多用途,比如做工作計劃、生活總結、活動策劃與回顧、學習課表、日常食譜、旅行路線圖、工作流程圖、宣傳海報、工作彙報……當我能用思維導圖去解決生活中遇到的每個問題時,我就把這項技能練習到位了。與此同時,我發現每一種用途都是一個值得仔細研究的小領域,值得持續投入時間去學習、應用並推廣。

後來在我教授做思維導圖和知識圖卡的課程中,除了有愛學習的人想要提升學習效率,還有很多人有不同的需求。例如,內容創業者想提升內容呈現的豐富性,網路賣家想更好地宣傳自己的產品,還有人想透過這種方式來經營自媒體,等等。

《用設計思維解決商業難題》這本書裡提到了一個發現設計創意的方法——新結合法,即把看似不同的要素強行組合在一起來產生設計創意。具體來說,就是不斷在腦海裡構建 A×B 的等式,其中 A 是用戶,B 是用戶的需求情境。

我們在挖掘專業價值時也可以建立這種思考:A 是你的專業技能,B 是你能想到的情境,二者結合後就是專業技能在這個情境下可以發揮的價值。例如你的專業技能是舞蹈,那麼舞蹈 × 培訓 = 趣味團建,舞蹈 × 教育 = 舞蹈教學,舞蹈 × 直播 / 短影音 = 舞蹈博主 / 藝術鑑賞,舞蹈 × 健身 = 形體訓練。再如你的專業技能是寫作,那麼寫作 × 產品售賣 = 成交文案,寫作 × 職場 = 公文寫作,寫作 × 情感 / 成長 = 愛情故事 / 個人成長。

除了新結合法外,你還可以透過搜尋專業領域的關鍵字來

了解已有的應用情境，與潛在用戶一起討論，共同發展這個領域的應用。無論如何，你想到一些應用情境後都可以去嘗試，在一些具體應用情境中有了實際案例後，你會產生更多的靈感，而成功的應用案例有助於你在專業領域建立更好的口碑。整體來說，你要挖掘出更多的專業技能應用情境，放大專業價值，使自己的職涯發展有更多可能性。

・行動清單・

思考你所具有的專業知識，或者你現在所具備的專業技能，它們可以為哪些人、在哪些情境中、解決哪些問題。

2　深度學習，提升學習效率

知道學什麼，是正確學習的第一步；知道怎麼學更高效，是正確學習的第二步。學海無涯，如何在有限的時間裡學到更多的知識？如何利用零碎時間使學習的效率最大化？學習過程中，如何充分吸收所學的知識？這一節將教你用「視覺化學習＋刻意練習」的方法來提升學習效率。

1. 視覺化知識架構，理解知識邏輯

2017 年，我的學習重點是提升自己的認知力。當時我讀了一本讓我很有啟發的書——采銅的《精進：如何成為一個很厲害的人》。我讀完這本書後內心既興奮又焦慮。令我興奮的是，這本書寫得太好了，其中的知識點對我太有幫助了，很多都是我當時需要的、可以打破我認知的內容，我看完後想把整本書都背下來。令我焦慮的是，看完之後我只知道這本書非常好，但是書一闔上，我什麼都沒有記住，更不用說運用這本書中的知識了。

你在閱讀完一本書之後，是不是有同樣的感受？我開始思考，到底如何才能學得更好？是像上學時一樣在書上寫滿筆記？還是在筆記本上摘錄一個個關鍵點？摘錄式的學習筆記，我從上大學開始就一直在做，已經寫滿了好幾本筆記本，但是那些筆記本後來再也沒有被翻過。而記在書中的筆記，回顧時要一頁一頁去翻，從密密麻麻的文字中去找，很費工。

我無意間發現了思維導圖的筆記形式，於是開始用思維導圖做讀書筆記。當用一張思維導圖把一本書的精華內容整理出來後，我彷彿發現了新大陸，產生了以下變化：

① 閱讀的時候，我更容易進入心流狀態了，從原來的「容易被打擾」狀態變成「不容易被打擾」狀態。在自己很浮躁時，我就開始閱讀、畫思維導圖，這能讓我的心靜下來。

② 我更容易從思維導圖中看到內容的邏輯了。我原來閱讀時常常讀了後面忘了前面，現在每看一個知識點，透過思維導圖很容易就看到它與前面知識點的關聯，從而清楚地知道知識點之間是如何串聯起來的。

③ 我讀完書後不再有焦慮感，而是有一種踏實感。把一本書變成一張圖，這給我帶來了無限的樂趣和成就感。

④ 我意識到學得多不是目的，學通、學透、用得上才是目的。遇到一本好書，就放慢腳步，借助工具把書讀透，收穫比囫圇吞棗地讀 10 本書大得多。

有了這樣一次實踐後，我獲得了一個有效的學習方法：思

維導圖筆記法。在後來的閱讀中，只要遇到自己覺得很好的文章或書，我都會將其中的知識變成一張思維導圖，存在電腦裡。

當我想要查找某個知識點的時候，這張思維導圖就起到了知識地圖的作用。透過這張圖，我能了解這本書的知識點分布，也能回顧整本書的內容。如果在看圖的時候無法看懂，我就可以根據相應知識點在圖中的相對位置，找到該知識點在書裡的具體位置，再仔細查看。

所以，用思維導圖做知識筆記的核心，在於對知識背後的邏輯的挖掘與串聯。如果你只是把書看一遍，那一些有用的知識就只是散落在你的腦海裡，新的知識會很容易被沖走；而當你把一本書的精華知識串成一串珍珠項鍊的時候，知識就不容易被沖走了，好像總有幾顆珍珠在你的腦海裡閃閃發光，不容易被你忘記。

如何用思維導圖把知識串起來？關鍵在於閱讀時你要不斷地去找文章的論點和論據，再把論點和論據串成八爪魚狀或樹狀的思維導圖，做到層次清晰、觀點分明、論據充分。這樣你在理解記憶的時候，思維導圖會使知識在你的腦海裡留下深刻的印象。

思維導圖的不同分支、不同資訊層都可以被設計成不同的顏色，在關鍵字處還可以添加一些視覺元素及圖像來突出標記。在整個創作的過程中，我們的整個大腦都在思考和工作，可以更好地對知識進行理解和記憶。

知識之所以調用不起來，一方面是學的時候沒有植入情

境，沒有考慮應用場景的問題；另一方面是學的時候沒有理解透徹，於是學完就忘。

而畫思維導圖能夠挖掘知識背後的邏輯結構，可以有效解決對知識理解不夠透徹的問題。

> **· 行動清單 ·**
>
> 嘗試用思維導圖梳理本書的邏輯。

2. 視覺化核心知識，抓取關鍵知識

一本書用一張思維導圖梳理出來就是一張網，但我們只想要網上的幾個關鍵節點怎麼辦？那就用知識圖卡。有段時間，為了弄懂如何學習更有效，我閱讀了很多與腦科學、記憶、學習、思維相關的書，學到了一個很重要的詞：組塊。

人的記憶分為三種：瞬時記憶、短時記憶、長時記憶。

① **瞬時記憶**：指感知事物後極短時間（如 1 秒鐘左右）內的記憶，若不加注意和處理，很快就會忘記。

② **短時記憶**：經過識記過程，在較短時間（如幾秒至幾10秒內記憶）

③ **長時記憶**：指儲存時間在 1 分鐘以上的記憶，一般能保持多年甚至終身，通常源於對短時記憶的複述，或者因為印象深刻一次就形成的記憶。

組塊，就是短時記憶的信息容量單位。目前記憶研究專家所達成的共識是，短時記憶的信息容量為四個組塊左右。以組塊的形式記憶有一個特點：它能夠有效擴大短時記憶的信息容量，因為它可被定義為一個數字、一個文字，也可以是透過某種聯繫形成的一句話、一段文字、一篇文章。比如一串數字「13978947680」，如果將單個數字作為一個組塊，那麼其一共有十一個組塊。按照正常的記憶方法，在念到 1、3、9、7 的時候，這四個數字就將短時記憶的四個組塊佔滿了。但是如果我們把這串數字進一步組塊化，變成 139-7894-7680，這十一個數字就形成了三個組塊，只占據了短時記憶四個組塊中的三個，還剩下一個組塊可以容納新的信息。

為什麼不把這串數字組合成 13978-947680，釋放二個組塊呢？因為單個組塊內的元素最好也為四個。13978 這個組塊中有五個數字，這會增加記憶負擔。在日常的溝通交流中，我們在把自己的電話號碼告訴別人時，十一位電話號碼之所以常常會組合成 139-7894-7680 或 1397-8947-680 這樣的形式，就是基於上述原理。

我們來將這個原理應用到學習中：針對一篇文章，我們畫

完思維導圖後會發現該篇文章是可以解構出很多組塊的，這些組塊可能是一種方法、一個概念、一個模型、一個金句等。

我們把自己原來的知識和經驗當作長時記憶，把新知識當作短時記憶的組塊，如果要將新知識記憶得更加深刻，最好能將其與原來的知識和經驗連結。每連結一次，就能消化一個組塊，給大腦騰出更多的空間來吸收新知識。而如果短時記憶的組塊沒辦法與其他知識連結，那麼這些組塊就會越積越多，多到你的大腦無法記憶新知識。這些組塊散落在你的大腦裡，沒有被固定住，就很容易被其他信息沖走。

所以，在學習的過程中，我們不光要有編織邏輯網絡的能力，還需要把核心組塊挖掘出來進行聯想記憶。我們還可以把挖掘出來的核心組塊做成一張張知識圖卡，知識圖卡越多，積累的組塊越多，你可以進行的聯想也就越多。而這些組塊也可以成為一塊塊積木，變成你日後生產文章和圖書的材料。

所以，知識圖卡是一種在閱讀的過程中，把書中的核心知識單獨提取出來進行邏輯結構可視化包裝，以方便自己保存、調用、傳播的筆記方式。它的好處在於能對每一個重要的知識點進行獨立包裝儲存，從而在學習時方便記憶，溝通時方便共享，寫作時方便聯想調用。

如何使新知識與舊知識建立連結呢？我的第一本書《高效學習法：用思維導圖和知識圖卡快速構建個人知識體系》中提到了六維寫作法，即從知識描述、向上思考、橫向思考、向下思考、經歷聯想、指導行動這幾個維度來將新知識全方位地解

讀一遍。

① **知識描述**：用你的語言把知識描述一遍。
② **向上思考**：思考該知識更底層的原理是什麼？是誰提出的，經歷了哪些演變？
③ **橫向思考**：你聯想到還有哪些知識與該知識相關？
④ **向下思考**：把知識還原到具體的應用中，思考該知識可以用來解釋什麼現象，還有哪些應用？
⑤ **經歷聯想**：基於該知識聯想自己的經歷。
⑥ **指導行動**：用該知識更好地指導自己未來的行動。你圍繞知識點建立的連結越多，知識在你腦海裡留下的印象就越深刻。那麼思維導圖和知識圖卡的核心區別是什麼呢？

思維導圖是網狀的，知識圖卡是點狀的；思維導圖還原的是知識內在的聯繫，知識圖卡是將核心知識點抽離出來，以便與外部建立聯繫。在使用場景上，建議你在建立某個主題的知識體系的初期使用思維導圖，通過畫一張張思維導圖盡可能多多羅列一些關鍵性知識點。而隨著我們對某個領域的知識了解得越來越多，我們再看一本書時只有某幾個核心知識點需要記憶，這時候更適合使用知識圖卡。

> **· 行動清單 ·**
>
> 嘗試在本書中找出對你而言最重要的三個知識點，並將其做成三張知識圖卡。

3. 知識能力化，刻意練習才是王道

很多人學習時會陷入一個誤區：把收藏當擁有，把閱讀當記憶。他們總以為自己收藏了，就擁有了這些知識，總以為自己閱讀完了，就記住了所有知識，這些知識就能為自己所用了。因此，很多人閱讀了很多書，但能力就是沒有得到提升，遇到問題還是無法解決，專業水平始終提不上去。究其原因只有一個：沒有行動。你收穫了一個寫作結構，但沒有刻意練習寫作，怎麼可能寫出好文章；你習得了一個演講技巧，如果不每天練習幾分鐘，怎麼可能出口成章。

學，不只是學習，也是模仿，這是一種行動；習，不只是溫習，也是練習，也是一種行動。學習的本質，是一種行動反射，而不是知識記憶。

所以，我們要想學有所成，就要做到知行合一，學為己

用，，把知識能力化。

只有透過實踐把知識能力化，才能把能力透過萃取產品化，而知識能力化的關鍵在於刻意練習。

（1）認識兩類知識。

認知心理學家安德森把知識分成兩類：陳述性知識和程序性知識。陳述性知識也叫作描述性知識，主要是指說明事物的性質、狀態、特徵的知識，主要解決「是什麼、為什麼、怎麼樣」的問題。比如：什麼是知識圖卡，知識圖卡的三要素，知識圖卡的特徵。程序性知識也叫作操作性知識，是指涉及一些具體的方法、步驟的知識，主要解決「做什麼、怎麼做」的問題。比如：知識圖卡五步驟，如何寫金句，如何寫標題。

我們在學習的過程中，既要注意學習陳述性知識，又要注意學習程序性知識。陳述性知識會讓你擴大知識面，擴充自己對某類事物的認知，產生很多的啟發、思考和遷移應用，從而間接地產生行動；而程序性知識會讓你在遇到問題時直接操作。

我有一次學到一個叫「注意力系統」的術語，其意思是視覺系統每時每刻都會收到大量資訊，所以注意過程需要選擇重要的資訊來進行優化加工，注意其中一個資訊，抑制其他資訊。這是陳述性知識，是一個概念，而基於這個概念，我產生了一些聯想。

聯想一：作為知識吸收者，我要主動將自己的注意力放在關鍵資訊上。

我發現一些人在閱讀一本書時，很容易忽略目錄、章標

題。但那其實是總結性的知識，它直接告訴了你這本書、這章講了什麼，你如果多花幾秒用於閱讀標題，那麼在正文部分就可以始終圍繞「作者是怎麼論證這個標題的」來閱讀，這樣學習效率就會高很多。一定不要讓自己的注意力平均分散在一篇文章或一段話上，而要有所側重，抓取關鍵點，記住關鍵知識並反覆琢磨。關鍵知識大概包括概念、模型、方法、步驟、金句。看到這些字眼時，你可以多將注意力集中於此，並思考怎麼使用相應知識。

聯想二：作為知識創造者，我要讓關鍵資訊更容易被讀者提取。

網路時代，每個人都可以生產內容，成為知識創造者。知識創造者如何才能讓讀者快速獲取關鍵資訊並記住呢？知識創造者要堅持從讀者的角度來進行創作，可以運用知識結構化、圖像化表達等吸引讀者注意力的方式。

以上就是我看到某陳述性知識時產生的行動聯想。行動聯想能夠幫助我們把知識轉化為行動指南。我們在學習的過程中如果遇到程序性知識，直接應用就好。比如我在想提升文案寫作能力的時候，閱讀了林桂枝的《秒讚》。這本書介紹了各種寫標題的方法和公式。看完這本書後，每次我在寫完一篇文章，想要寫標題的時候，都会直接翻開這本書或查看這本書的知識圖卡，選擇其中的一個公式來套用。我不斷使用書裡提到的寫標題方法，最後讓自己寫標題的能力也有了很大提升，進而真正具有了寫標題的能力。

（2）如何刻意練習。

不管是學習陳述性知識還是程序性知識，若想學有所用、將知識轉化為能力，就要落實到實踐與練習上。很多人在練習時會陷入一個誤區：每天重複一樣的動作，認為只要有時間的積累，就會取得進步。試想，你每天用同樣的方法炒菜，就算炒 10 年，廚藝也可能沒有什麼進步；你喜歡寫作，但每天以記流水帳的方式寫日記，即使堅持再長時間，你的寫作能力也不會有什麼提升。如何做到正確練習呢？《刻意練習：原創者全面解析，比天賦更關鍵的學習法》這本書中提到，要實現真正有效的練習需要做到以下兩點：有目的地練習、創建心理表徵。

第一，有目的地練習。

日復一日地重複一樣的動作，只會讓你動作更嫻熟，但你的水平不會提升。有目的的練習包含四個關鍵要素：有目標、保持專注、有反饋、突破舒適區。

① **有目標。**

在乒乓球運動員的日常練習中，你會經常看到這種場景：一蘿筐的乒乓球放在旁邊，運動員在 1 個小時內專門練習發球，於是滿地都是乒乓球。我們平時進行技能練習也一樣，每次練習要有練習目標，一個點一個點地突破，才能更高效地提升。比如你如果想提升直播能力，那你可以拆解自己的練習技能點：語音語調語速練習、鏡頭感練習、互動話術練習、開頭及結束話術練習、賣貨話術練習等。每次練習時集中於某個技

能點。

② **保持專注**。

運動員在練習的時候，容易進入一種狀態，即心流狀態，它指的是我們在做某件事的時候進入的一種全身心投入、忘我的狀態，在這種狀態下，學習和練習的效率是最高的。如何才能進入心流狀態呢？其中一個重要的要素就是排除干擾、保持專注。在做任何技能練習時，斷絕干擾，找個清幽的環境，持續練習幾 10 分鐘甚至幾個小時，比間斷練習的效率更高。

練習時，我們既要全身心投入，又要保持內心的愉悅，還要持續思考如何做得更好。

③ **有回饋**。

運動員在練習的時候，身邊有一個重要的角色——教練。教練會對運動員練習時的薄弱部分給予正確的指導，讓運動員通過「練習—獲得回饋—練習—獲得回饋」來持續進步。我們可以從中獲得的啟發是要建立自己的回饋系統。對於有些練習，你可以透過自己記錄來進行自我檢查；而對於另一些練習，你需要請他人來指導，給你更高品質的回饋。

④ **突破舒適圈**。

舒適圈是你毫不費力就可以做到的事情，學習圈是你努力一下就能完成的事情，恐懼圈是高於你當前水準太多的事情。運動員總在不斷地挑戰自己的極限，不斷地把學習圈變成舒適圈，把恐懼圈變成學習圈。

每次練習時,在舒適圈內行動只會讓你進步緩慢,而一下子設定過高的目標,直接進入恐懼圈練習,也會讓你過於焦慮而使行動效果不佳,只有每次練習都處於學習圈,你才能讓自己既享受到挑戰的快樂,又不至於過於焦慮。比如,想要提升閱讀能力,剛開始時你不必追求一天讀完一本書,而應在你現有的水準上提升一點點,如果你現在可以在 30 分鐘內輕鬆讀完 20 頁,那接下來可以嘗試在 30 分鐘內閱讀 25 頁。

第二,建立心理表徵。

心理表徵是指事物在心理活動中的表現,具體來說,就是你看到某個事物時,內心產生的一系列連鎖反應。

比如在打羽毛球的時候,高手透過對方擊球的動作,以及球在空中的運動趨勢,就能判斷出球大概會落在哪裡,可以採取怎樣的擊球策略把球打過去。這就是一種心理表徵,根據對方的擊球動作和球的運動趨勢判斷如何回擊,並提早做好回球動作。而新手可能要等到球快飛到眼前時,才匆匆忙忙地揮動球拍。

心理表徵數量和品質的累積也是高手和新手的不同點。高手在自己的腦海裡已經累積了很多高品質的心理表徵,當問題產生的時候,能更迅速地做出反應。如何建立心理表徵呢?其實就是要獲得高品質的回饋。回饋品質越高,你獲得的心理表徵品質越高,你的進步也就越快。

> **・行動清單・**
>
> 　　嘗試把看到的書、學到的知識,都變成行動清單。

3　牛刀小試，檢測專業能力

不斷地學習和輸出，可以讓自己越來越專業。但很多人學了很多，依然覺得不自信。那麼，我們該如何檢測自己的專業能力呢？我總結了 9 個字：有結果，有案例，有體系。

1. 有結果，數量累積的同時品質提升

結果既包括時間和數量上的累積，也包括品質的提升。如果你想提升寫作能力，找到一名寫作教練，你該如何評估他是否專業呢？一方面，要看這個人在寫作領域是否取得了一定的成就──我們要向有成果的人學習；另一方面，要看這個人是否有長時間的實踐經驗，這可以反映出這個人目前取得的結果是偶然的還是必然的，這個人的基本功是否紮實。

所以，如果你也希望成為某個領域的專家，就可以先從數量和品質上下功夫，用結果說話。想提升寫作能力，不妨先寫 100 篇文章，努力創作幾篇閱讀量上千、分享數上百的文章；想提升演講能力，就先做 100 個演講的小練習，努力創作幾條按讚數破百、上千的影片，做一個有一定粉絲基礎的影片

頻道。

想學習插畫，不妨先制定一個 500 小時的練習目標，努力用插畫作品經營自媒體，幫自己增粉。不問收穫只問耕耘，你儘管努力，時間會告訴你答案。

比如我在開發思維導圖和知識圖卡課程，審視自己的專業性時，就萃取了自己的經歷和成就：歷時 2 年多，製作了 1000 個以上的思維導圖和知識圖卡作品，有 2000 個小時以上的練習；思維導圖和知識圖卡為我帶來了一些變現的機會，這些作品獲得知名作家的按讚、分享，也讓我在自媒體平臺累積了幾千粉絲；多篇文章獲得很多粉絲的轉發、按讚，並讓我取得了一些合作機會。重要的是我的學習能力大大提升，這能助力我在職場升遷加薪。

如何展現你的這些成果呢？你的作品和成就可以直接展示，而你在時間上的投入和數量上的累積如何展示呢？一個方法是，視覺化你的學習探索過程。你可以記錄閱讀相關書籍時的心得感受，你在實踐中獲得的啟發，你從別人那裡聽到的相關故事或經歷，等等。將這個探索過程記錄下來，並命名為「×××學習探索筆記」，形成系列文章對外分享，每一篇 500～1000 字，不需要太複雜的邏輯，形式可以是「一個小標題＋一個小解釋」，每篇文章包含五～十個要點。

寫學習探索筆記，一方面會讓你善用零碎時間，隨時隨地從書籍與實踐中學習；另一方面，會為你未來寫書、開發課程等提前準備一系列資料，搭建一個你自己的知識資料庫，方便

你後續進行二次創作；還有一個好處是，當你不斷對外分享你的學習探索筆記，你會在別人心中建立起你很專業的印象，持續地更新，會讓別人有一種想要追蹤系列內容的想法。

為了讓自己持續地學習與可視化學習相關的內容，提升自己的專業能力，在 2019 年，我給自己立了一個目標：我要產出 100 條可視化原則筆記，並在微信朋友圈更新。為了實現這個目標，每當產生一個與可視化學習相關的靈感時，我就做一張卡片分享到微信朋友圈，當分享到 20 多條的時候，我就獲得了出書的機會。當時有出版社的編輯來找我，提出我微信朋友圈正在更新的可視化原則系列內容可以用來出書，問我有沒有興趣合作。那時我們就確定了兩本書的合作計畫，第一本書是已經出版的《高效學習法：用思維導圖和知識圖卡快速建構個人知識系統》，第二本書《可視化原則 100 條》正在後續的出版計畫中。

在探索學習方法時，我也寫了一系列關於如何寫學習探索筆記的文章，記錄我在學習過程中遇到的每一個可以提升學習效率的方法，以及這些方法具體的應用情境。這些文章整理起來大概有 5 萬字，接近於半本書的字數了。後來我在正式寫書的時候，採用的很多內容都源於這些文章，有時候我會從這些文章中調出一篇放到書稿中，有時候會將幾篇同一細分主題的文章融合成一篇長文放到書稿中。

這些不只是我在紮實自己的專業基礎過程中的思考與記錄，也成為我取得合作機會的契機，更是我後來創作正式知識

產品的內容素材。

同時，它們也成為一個問題回答資料庫，當有人來問我問題時，我可以將自己之前寫的某篇文章發給對方，這樣既節省了自己的時間，又能讓對方獲得解答。

結果是累積出來的，你擁有的大量成果就足以證明你的專業性。

> **・行動清單・**
>
> 圍繞你的專業，嘗試寫 100 篇文章。

2. 有案例，多多解決身邊人的問題

在我們的學生時代，檢測學習效果的方式很簡單：不斷地參加考試，考試成績直接反映我們對知識的掌握程度。但成年人的學習應以應用為主，不應再是純知識層面的記憶，知識應該能幫助你解決問題。所以，想要凸顯你的專業性，有成績有結果還不夠，還要看你能否解決他人的問題，能否經得起他人

的質疑與考驗。

（1）給自己提問，先解決自己的問題。

我經常給自己提問，以引發自己的思考。比如我在構建思維導圖與知識圖卡這套學習方法的知識體系時，我會給自己提問，並自己找資料來回答。我提過的問題有：為什麼思維導圖有助於學習？如何讓思維導圖的論點、論據更清晰？如何在更短時間內製作一張思維導圖，但又不降低其品質？什麼樣的書適合做思維導圖？……給自己提出這些問題後，我就會去閱讀、上網找答案，並透過實踐驗證答案的有效性。慢慢地，我的知識體系逐漸擴大起來，我的觀點也得到了驗證，對外分享也變得更有底氣了。想要變得專業，就從為自己解決問題開始！

（2）接受他人的提問，用問題來驗證體系。

問題是最好的知識萃取器。在你不斷分享、不斷發表自己觀點的過程中，肯定會有人質疑你的觀點。對於質疑的人，只要他不是故意挑毛病，對方的問題大多可以激發你繼續鑽研，讓你梳理出更多的內容來支持自己的觀點，你就可以重新驗證自己的體系是否邏輯嚴謹；而面對任何一個來向你虛心請教的人，你可以把對方的問題當作一個課題來研究，可以調用你系統中已有的知識來答疑，同時也可以去查閱更多資料，這樣一方面能夠解決對方的疑惑，另一方面能夠豐富你的知識體系。

當你認真對待每一個問題，非常用心地回答對方問題時，你還會獲得對方的信任。比如我在搭建知識體系的學習階段，

每次有人向我提問，我都會非常熱情地解答，甚至有時候會寫一篇文章來回應對方的問題，這會讓對方覺得特別感動。

如果沒有人向你提問，你也可以主動出擊，邀請對方向你發問。尤其是在開發知識產品的時候，你可以發起一個內測社群，招募志工加入，讓志工圍繞某個關鍵字、知識重點、知識產品的推出進行一系列的思考與提問。當你能回答大家提出的大多數問題時，你的知識體系相對來說就比較完整了。

當你要圍繞某個主題進行內容產出時，你也可以在社群裡拋出一個問題，例如：「關於如何做年終總結，你最想知道什麼？」「在經營個人品牌的過程中，你有哪些疑問？」這些問題可以吸引大家在社群裡展開一系列的問題接龍。你應該多多蒐集這些問題，因為它們就是知識的萃取器，能幫助你更好地挖掘知識；同時它們也是知識的檢核器，看看你是否真的能回答大家的問題。

（3）原創模型與方法：萃取標準流程或思維模型。

對於一些常見問題，或是某一類型的問題，你可以從自己的經驗與學習中，嘗試歸納出一些標準流程或思考模型，並在未來實踐中驗證其有效性。如果經過多次驗證，這些流程或模型都能夠奏效，它們就可以成為你的原創知識。你累積的有效流程與模型越多，越能證明你的專業能力。

注意：這裡所說的「標準流程」或「思考模型」並不是你從哪裡抄來的，也不是形式上的機械修改，而是經過大量實踐與學習後，你針對某一類問題，親自提煉出來的一套有效解

法。你應該能清楚說明：這套方法跟他人的有何不同？是怎麼產生的？為什麼有效？有什麼好處。

並且這套方法應簡單易懂、邏輯嚴謹，能體現你的專業性。

> **· 行動清單 ·**
>
> 圍繞你的專業舉辦一場專場問答會。例如，在社群媒體發起一個活動，邀請大家圍繞某個主題提出問題，由你來回答。

3. 有體系，將知識體系顯性化呈現

檢視你專業性的最後一步，是圍繞這個領域有邏輯地建構自己的知識體系，並嘗試將其可視化，具體可分為以下幾個步驟：

第一步：確認專業領域的核心主題；

第二步：圍繞核心主題，確認知識體系的建構邏輯——通常包括流程與要素；

第三步：根據建構邏輯，拆解出知識體系的一級大綱；

第四步：將每一級大綱持續往下拆解，拆成二級大綱、三

級大綱，直到無法再拆為止。

將這樣的一個知識體系建構好之後，有以下幾個好處：

好處一：自查知識是否紮實

如果你能拆分到第五級、第六級甚至更細，代表你在這一部分的知識相對紮實。如果你在建構知識體系的時候覺得很困難，則證明你的知識還不夠紮實，你需要進一步學習。

好處二：更好地調用知識

有了知識體系，我們可以在解決問題和進行內容創作的時候，隨時調用相關知識。很多時候，我們學了知識卻無法調用，是因為這些知識零散地分布在我們腦海中，沒有形成連結。而當你把知識變成網狀的，並將其可視化後，遇到相關問題時，你就能快速從網狀的知識體系中找到相關內容。

好處三：根據知識點的分布密度來調整未來的學習方向

當你按照步驟層層往下拆解，你可能會發現在這個知識體系中，知識點的分布密度是不平均的──有的地方薄弱，有的地方紮實。某一塊薄弱，說明你對這塊不熟悉，無法拆解出更多內容，或者這塊不夠重要；某一塊紮實，說明你在這塊累積較多，能拆出很多內容。

對於薄弱的部分，你可以結合自己未來的發展方向，判斷是否需要集中突破和學習，累積新的知識。如果需要，你可以在未來的學習與實踐中專注這一塊。至於紮實的部分，是你目前的優勢，在這方面你已經積累了足夠的知識與經驗，可以考慮如何將其打磨成知識產品。

當你把腦海中隱性的知識體系顯化出來，你會覺得內心特別踏實，很有成就感，這也能激勵你變得越來越專業。在建構知識體系的過程中，你可能會有這樣的困惑：這是不是一個很大的工程，要花很多時間才能建構出來呢？

你如果覺得這是一個大工程，就會無限期地往後拖延，難以開始。但實際上，你可以從一個雛形開始，慢慢完善。初期你可以將建構知識體系的要求降低，不必很嚴謹，把腦海裡所有與之相關的詞都列出來，然後歸類分組，找共性，慢慢地形成一個較小的知識體系。

建構知識體系在職場中還有一個好處，就是當你把本職位的核心流程涉及的知識梳理出來後，工作效率能大幅度提升——尤其是新進人員訓練工作。我在職時就圍繞招募流程做了招募專員的知識體系圖，這在後來與其他員工交接的時候大大提升了我的工作效率，同時也展現了我的專業性。

· 行動清單 ·

① 你有哪些時間與數據累積:有多少小時的刻意練習?有多少個作品的累積?有什麼成功案例?
② 你在這個領域裡,遇到了哪些問題?有哪些經驗技巧的累積?
③ 你可以幫助多少人解決相關問題?或者你已經幫助過多少人解決了相關問題?
④ 在你服務的人當中,你獲得了哪些人的肯定?
⑤ 你獲得了哪些平臺與專業人士的背書?

行動力　借助一套好工具

行動起來，才有故事發生；行動起來，才有無限可能。沒有行動，再好的想法也是一場空。這一章將告訴你如何擁有行動力。

1　目標管理：將目標拆解為執行清單

在第 2 章，我們畫了一張清晰的成長路線圖，這一章就要教你如何把成長路線圖落實為實踐和追蹤手冊。

1. 目標拆解，定最小可行動作

你或許經常會有這樣的感覺：明明知道自己要做什麼事情，也訂定了一些目標，最後卻總是無法實現。對此，我總結了 2 個常見的原因：目標不夠具體，沒有衡量標準；目標沒有拆分到最小可行動作，缺少可行性。

（1）設定具體的目標及關鍵成果。

你是否常常感覺為一件事花了很多時間，但是沒有什麼成績，沒有什麼收穫？又是否有時候做一件事不知道終點在哪裡，於是開始懷疑做這件事的意義，進而導致方向走偏或行動停滯？

比如，你想提升寫作能力，於是寫了很多文章，堅持寫作了 365 天，但總感覺自己的寫作能力沒有得到提升，寫的文章拿不出手，於是想放棄寫作。如果你有這樣的問題，那你一定要為自己的目標設定關鍵成果，訂定衡量標準。

英特爾公司創始人之一安迪・葛洛夫發明了 OKR（Objectives and Key Results）工作法，其核心就是明確目標，並為目標設定關鍵成果。我們可以借助 OKR 工作法來設定自己的目標，並為自己的目標設定關鍵成果。

我們可以在成長路線圖上的不同階段，設定自己的 OKR，示例如下：

- O（目標）：3 年後成為一名知識型內容創作者。
- KR1（第 1 個要達到的關鍵成果）：第 1 年內找到定位，建立知識體系。
- KR2（第 2 個要達到的關鍵成果）：第 1 年至第 2 年逐步建立個人品牌，累積 5000 名粉絲。
- KR3（第 3 個要達到的關鍵成果）：第 2 年至第 3 年開發一門課程。

……

我們再以 KR1 為例，繼續往下拆解年度的關鍵成果：

- O（目標）：1 年內找到定位，建立知識體系。
- KR1：閱讀專業領域相關的 10 本書。
- KR2：撰寫 100 篇文章。
- KR3：弄懂 100 個概念並輸出 100 張概念圖卡。
- KR4：嘗試用專業知識幫助 30 個人。

到這裡，你會發現你已經把這個目標量化成了幾件事情。

或許拆分到這裡，你就覺得目標很清晰，知道具體要做什麼事情了。但是這個目標的可行性怎麼樣呢？你需要再往下拆

分,將目標拆分到每天,然後和自己的最小可行動作對比,以此判斷這個目標是否可行。

(2)拆分出每天的最小可行動作。

如果想要將目標執行到底,一定要將其拆分到每天。我們將之前訂定的目標拆分為每日目標,具體如下:

- 10 本書,拆分到每月就是約 1 本書,拆分到每天就是約 10～20 頁。
- 100 篇文章,按照年度平均是約每 3 天 1 篇;每篇文章 600 字,即每天寫 200 字。
- 弄懂 100 個概念並輸出 100 張概念卡片,按照年度平均是約每 3 天弄懂 1 個概念並輸出 1 張概念卡片。
- 為 30 個人提供協助,即約每 10 天為一個人提供協助。

按照這樣的拆解方式,年度目標就被拆解成了每天要做的事情。如果你將年度的 OKR 拆解到每天發現工作量巨大,超出了自己的時間預算,這時,你可以重新評估 OKR 的合理性,重新設計。你不僅要考慮自己的年度目標不只這一個,還要考慮生活、工作等其他方面的目標。將目標拆解到每天後,你的時間要能支撐你達成所有的目標,否則你就要繼續做減法,留下最重要的幾個目標。

在時間上,我們訂定的最小可行動作或許是合理的,但在實際生活中,我們還可能會因為惰性而遲遲無法開始行動。這時,不妨把每一件事拆成不同大小的行動步驟。

斯科特・亞當斯在《跳出你的思維陷阱》中提到了「沙發

鎖定」的概念。這是一個形容懶人的術語，描述他們像是被沙發鎖住了一樣，無法主動起身。其實我們常常都有這樣的時刻——明明知道要開始做一件事，卻始終提不起勁，大腦似乎無法指揮身體啟動，整個人就像被困住了一樣。

那要怎麼解除「沙發鎖定」呢？其實，只需要動一動你的小指。只要小指一動，你就會開始恢復對身體的掌控。無論再怎麼疲累，「動一動小指」這件事總不難吧？

其他事情也是一樣的，如果你真的很想做一件事，卻一直無法行動起來，那就從這件事的「最輕鬆的環節」開始做。這樣一來，你行動的可能性就會大幅提升。

例如我想去跑步，換上跑步服是一件輕鬆的事；既然衣服都換好了，那至少也該去健身房動一動吧。剛開始跑步時，或許只打算跑個 2 公里，但跑完後發現：再多跑 1 公里就能進入「今日前 5 名」；進了前 5 名，又想說：再撐 2 公里就能進入前 3 名。就這樣，我常常為了擠進前 3 名，不知不覺就跑了 5 公里。

先從一個簡單的小動作開始，當你一旦開始行動，就會帶來正向的進度回饋，而這樣的回饋會激勵你做得更多，甚至超額完成。

再舉一個例子，在我開發訓練營課程的時候，一開始覺得這是一項龐大的系統工程，實在太困難、太耗時了。但當我把整個任務拆解成幾個具體步驟，例如：確認課程大綱、根據大綱撰寫逐字稿、再根據逐字稿製作課程簡報、然後進行錄製與

剪輯⋯⋯當每個步驟都具體化之後,我便產生了行動的動力。每完成一個小任務,就會感覺自己離整體目標又更近了一些。

善用 OKR（目標與關鍵成果）這項工具,就能協助你把一個大目標逐步落實,並實際推進。

> **· 行動清單 ·**
>
> 設定具體可衡量的目標,並將其拆解為每日都能執行的「最小可行動作」。

2. 目標追蹤,讓每一步進度都能看見

想要確保每日的最小可行動作能確實完成,最關鍵的就是要建立自己的進度追蹤系統,並且定期進行檢視與調整。以下推薦三種實用的方法：

- 使用學習計畫甘特圖：將一個大目標拆分為多個階段任務,並標示預計完成時間,方便你掌握全貌與進度。
- 使用時間記錄表：每日記錄完成了哪些任務、花了多少時間,可以幫助你了解實際投入程度,也有助於日後優化安排。

- 進行定期反思與優化：每週或每月安排一次時間，回顧自己的進度與執行狀況。可以用「做得好／需要改進／下一步行動」三欄式簡單整理，幫助你持續優化自己的行動策略。

（1）列出學習計畫甘特圖（見圖 3-1），設定計劃事項。

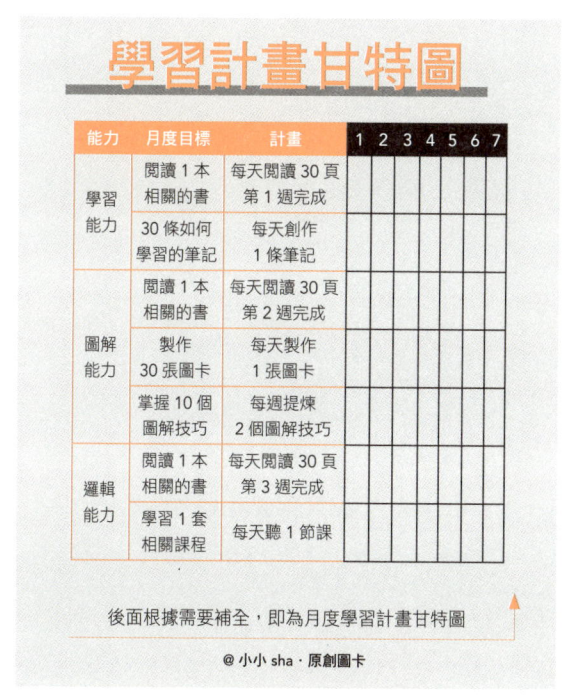

能力	月度目標	計畫	1	2	3	4	5	6	7
學習能力	閱讀 1 本相關的書	每天閱讀 30 頁第 1 週完成							
	30 條如何學習的筆記	每天創作1 條筆記							
圖解能力	閱讀 1 本相關的書	每天閱讀 30 頁第 2 週完成							
	製作30 張圖卡	每天製作1 張圖卡							
	掌握 10 個圖解技巧	每週提煉2 個圖解技巧							
邏輯能力	閱讀 1 本相關的書	每天閱讀 30 頁第 3 週完成							
	學習 1 套相關課程	每天聽 1 節課							

後面根據需要補全，即為月度學習計畫甘特圖

@ 小小 sha・原創圖卡

圖 3-1　學習計畫甘特圖

把目標拆分到每天後，我們每天要學習的東西看起來很多。這時候，很多人就會進入一種手忙腳亂的狀態，於是東學

一點、西學一點，最後沒有沉澱。其實最好的學習方式，就是集中突破某項能力，並且持續追蹤與記錄。圍繞上一步拆解出來的最小可行動作，我們可以製作一張學習計畫甘特圖。

第一列：確認當前階段最需要提升的能力，建議不要超過三種。

第二列：圍繞這三種能力選擇你的當月學習內容；

第三列：圍繞你的學習內容確定你的每日／每週計劃，來安排好自己的每月最小可行動作。

這個時候形成的表格，就是我們的學習計劃甘特圖的雛形。月初做計劃的時候，把這個圖畫出來並標記，明確每月、每週、每日要做的事情是什麼，然後在實行的過程中，按每月、每週、每日來檢查任務的完成情況。與此同時，你還可以在這個圖上添加任何臨時增加的事項。

（2）列出時間記錄表，分析你的時間流向。

很多人在實施計劃的時候，總會遇到一個問題：計劃的事情總是做不完。其原因有以下幾個。

原因一：高估了自己做每件事的能力。

比如你一天實際只有 4 小時的可支配時間，可是你在做計劃的時候給自己安排了八件事，你以為每件事只需要花費 30 分鐘就可以做好，實際上做好每件事你需要花 50 多分鐘，於是你只能做三、四件事，還有四、五件事沒有完成。這時候你會特別懊惱，情緒越來越低落，做事效率越來越低，自己也越來越不自信，進入事情總也做不完的惡性循環中。

原因二：做事時注意力無法集中。

如果在做一件事的時候總是被干擾，注意力無法集中，那麼一件事本來 30 分鐘就可以完成，當被打斷，可能就要花費 50 分鐘。

原因三：在無效的事情上浪費了很多時間。

我們的時間可以分為目標事件時間和非目標事件時間，比如今天你最重要的事情是完成一篇文章，但在寫作前，你做了很多與寫作無關的事情，例如滑手機、跟別人聊天、看閒書等。你的時間花在了這些與目標無關的事情上，當你沉浸於這些事情時，你完全不知不覺時間已經流逝，結果花的時間越來越多，等到一天結束時，你才發現自己該做的事情又沒完成。

如果你有以上這三個問題，那我強烈建議你開始使用圖 3-2 所示的時間記錄表，具體步驟如下。

學習計畫甘特圖

時間	1	2	3	4	5	6	7
6:00—6:30	起床						
6:31—7:00	聽課、洗漱						
7:01—7:30	聽課、吃早餐						
7:31—8:00	聽課、吃早餐						
8:01—8:30	聽課、上班						
8:31—9:00	收拾						
9:01—9:30	團隊溝通						
9:31—10:00	團隊溝通						
10:01—10:30	諮詢						
10:31—11:00	諮詢						
11:01—11:30	合作溝通						
11:31—12:00	合作溝通						
12:01—12:30	午飯						
12:31—13:00	休息						
13:01—13:30	公眾號文章寫作						
13:31—14:00	公眾號文章寫作						
14:01—14:30	公眾號文章寫作						
14:31—15:00	休息						
15:01—15:30	書稿寫作						
15:31—16:00	書稿寫作						
16:01—16:30	書稿寫作						
…… ……	…………						
23:31-24:00	準備睡覺						

@小小sha・原創圖卡

圖 3-2　時間記錄表

　　把你的時間劃分為幾種類別，例如工作時間、學習時間、陪小孩時間、娛樂時間、睡覺時間、吃飯時間、陪伴家人時間等，然後為每一類時間指定一種顏色。

　　步驟二：將你的時間以每 30 分鐘為一個區段進行劃分，從你起床的時間開始，到你睡覺的時間結束。

　　步驟三：開始使用你的時間記錄表。每完成一件事情，就在表格上如實記錄，並標註這件事情屬於哪一類時間，對應上你設定的顏色。注意，是完成一件事情後再記錄，不需要每 30

分鐘主動去填寫；如果忘記記錄了，也可以事後回想再補記。

當你完整記錄完一天後，時間花在哪裡就一目了然：今天在某些無效的事情上花了很多時間，比如滑手機的時間居然有 1 個小時。這時候你可能會感到有點愧疚，於是暗自下定決心——明天要做得更好。

1 週後，你就可以進行一週的時間分析：這週的學習時間有多少？工作的時間有多少？娛樂時間又花了多少？當你的時間被視覺化後，你會更加有紀律與自覺。

接下來我們看看，時間記錄表如何解決我們剛剛提到的那三個問題：

對於問題一，因為你真實地記錄每件事情所花的時間，就不容易高估自己完成工作的能力。比方說，你發現寫一篇 2000 字的文章其實要花 2 小時，那在未來訂定計畫時，就不會只給自己留 1 小時，這樣你就不會替自己設定一個根本無法達成的目標。並且，這樣的過程還會讓你變得更有覺察與規劃能力，如果這次是花了 2 小時完成一篇 2000 字的文章寫作，那麼下次你就可以嘗試 1 小時 40 分鐘完成，這也是一種進步。

對於問題二，你每完成一件事情就記錄自己所花費的時間，這時候時間記錄表就像是一個無形的監督者，促使你必須專注，因為如果你不專心，它也會如實地記錄下來。所以，當你正在做某件事時，時間記錄表可以在心理層面提醒你更集中注意力。

對於問題三，有了時間記錄表後，你會開始察覺自己每天

到底花了多少時間在無效或無用的事情上。這些時間越多，你就越會感到愧疚，進而促使自己反思並優化接下來的時間安排。

這就是使用時間記錄表的好處。你可以用紙筆記錄、在電腦上建立表格記錄，也可以使用 App 進行記錄。如果你希望儘量避免電子裝置的干擾，也可以選擇紙本方式來進行。

（3）及時檢視與反思，提升效率

如果我們只是一直輸入，而沒有任何輸出，那麼知識就會堆積、堵塞，無法發揮價值。同樣地，如果我們只是埋頭做事，卻不檢討、不總結、不反思，那麼我們永遠無法更接近目標。

因此，為了讓自己持續優化行動策略，我們非常有必要定期進行檢視與回顧。

你可以每天花 15～20 分鐘，仔細查看自己每天記錄的內容，回顧當天的狀況，進行一個簡單的檢視反思。每天的檢視反思可以分為兩個部分：

第一部分：現況評估──任務的完成狀況如何？如果沒有完成，原因是什麼？下次可以如何調整與優化？

第二部分，啟發思考：今天有什麼心得、收穫、啟發。

關於第一部分，你可以在時間記錄表上進行檢視，而在第二部分產生的心得、收穫、啟發還可以作為社群平臺經營的素材分享出去。不管任務的完成狀況如何，你都要接受今天的進度，並思考明天如何才能做得更好，而不要陷入不良情緒中，對不完美的自己耿耿於懷。

> ・行動清單・
>
> 嘗試記錄時間並進行檢視。

3. 建立回饋，擁有內外驅動力

在做諮詢的過程中，很多人都會反映自己無法持續去做一件事，而無法持續的原因，一方面是目標不夠明確，另一方面是缺乏正向回饋。很有可能一開始我們是憑著一股熱情和興趣行動，但是在行動的過程中，我們也需要有外部正向回饋的不斷刺激，才能確保目標實現。

（1）找到同行者和競爭者。

跑馬拉松的時候，一群人都在賽道裡奔跑，大家有一個相同的目標，就是跑到終點。你會發現「我們都在路上」的力量無窮大，當後面追趕的人經過你，和你說一句「加油」時，你會咬緊牙關，繼續往前。

以前讀書的時候，你可能也有這種經歷：每次考試成績出來後，你都會暗地裡了解幾位同學的分數，你心裡默默地在和他們比賽。你如果略勝一籌，就會暗自歡喜；你如果分數比他

們低,就會很失落,但是會暗下決心下次一定要做得比他們好。

在平時的學習中,你可能也會偷偷了解別人在學什麼,如何學習在背地裡和對方較勁。實際上,競爭能產生動力,讓學習的過程不那麼枯燥。這一類夥伴是我們的同行者也是競爭者,大家一起營造了這樣的學習氛圍,相互感染和影響。成年人在學習和成長之路上也一樣,我們不應獨行,而應抱團成長,嘗試找到同行者和競爭者,用他律換自律,一起前行。

建議直接加入某個同頻的線上社群、活動組織,或自行組建共學小組,找幾個有同樣目標的人,一起在群裡相互督促、相互回饋,感受集體行動的力量。為了實現彼此更好的約束,你們可以在小組中採取保證金打卡的方式來倒逼自己行動,保證金設得高一些,萬一失敗會心疼,這樣更容易產生作用。

(2)找到觀眾,收穫認可。

馬拉松賽場中會有一群圍觀者,他們為馬拉松跑者加油打氣,甚至有人揮舞著加油棒。在他們的激勵下,馬拉松跑者每經過一段加油區,都會告訴自己要堅持、要努力。在你的成長道路上,有沒有一群觀眾會為你加油呢?

其實在自媒體時代,我們每一個人都是一名馬拉松跑者,只要出發、只要跑起來,就會有觀眾。只是很多人不想到戶外「跑」,只想在家裡「跑」,不願意分享自己的任何觀點,不想寫作輸出,也不想經營自己的自媒體,只會默默地學習。

如果我們不主動走上舞臺,自然不會贏得喝采,也不會接收到回饋。我強烈建議你整理自己的學習、成長經驗並將其分享到自媒體平臺。每一個自媒體平臺都是你的舞臺,當你看到

自己分享的內容被人按讚、分享、轉貼時，你就會收到一種正向回饋，這種回饋來自他人對你內容價值的肯定。

但是，在這個過程中，也不要把注意力全部放在外部的反應上，不要過度在意觀眾給你的回饋。你需要把回饋當作資訊來看待，對於正向的回饋，你可以思考為什麼大家喜歡這樣的內容，接下來可以如何調整優化；如果沒有回饋，或者是收到負面回饋，你也可以思考原因，以及自己可以如何改善。

（3）能量補給，設置專屬於你的生活儀式。

在馬拉松賽場上你會看到很多能量補給站，跑到終點時，你會拿到一個大大的獎牌。在學習之路上也一樣，每完成一個階段性任務，就可以給自己安排一個獎勵，比如每週留半天的時間讓自己去放鬆，吃頓好吃的；每到達一個具有代表性的里程碑，都給自己準備一個小禮物，等等。

能量補給也適用於日常所做的一些小事。例如，伏案寫作時，我每小時都會起身去倒杯水、動一動，這其實也是一種能量補給的方式。要是今天完成了寫作計畫，我就不會再安排其他工作。對於任何一場持久戰，及時恢復自己的精力是非常重要的。

・行動清單・

圍繞你最近的一個目標，設計出回饋機制。

2　時間管理：掌握時間的方法

詳細的計畫訂好了，時間不夠怎麼辦？很多人都會遇到時間問題，但時間問題的背後，往往是目標和精力的問題。

1. 時間管理之道：聚焦目標

如果想要掌握自己的人生，那就從掌握自己的時間開始，而在掌握時間的過程中，我們的大敵是不夠聚焦。很多人遇到什麼事就做什麼事，不懂得拒絕，也不懂得劃分事情的重要層級。

有一次，我的一位朋友說：「我最近挺忙的，中午有位同事找我一起吃飯，她跟我聊了公司的一些傳聞，傾訴了一些自己的情緒，聊了 2 個小時後，我感覺非常不舒服，因為我覺得這 2 個小時沒有產生價值，浪費了。」

還有一位學員說，有一次一個熟人來找他幫忙，他們來來回回溝通了好久，比預期多花了很多時間，這讓他很不舒服，但是又不知道該如何拒絕別人。他犧牲了很多時間，自己重要的事情又沒有做。

這類現象在你的生活中是不是也很常見？如果不善於拒

絕，你的時間就會不斷被消耗。如何處理這些事情呢？第一，評估自己要不要做，如果是與你的目標無關、可做可不做的事情，直接拒絕；第二，評估自己有多少時間可以用來處理這件事情，在自己時間允許的範圍內，可以給予對方力所能及的幫助。有時候拒絕也是一種善意，對於此類事情，當你不能全心投入的時候，最後的效果也是大打折扣的。

管理學家德魯克曾經在《卓有成效的管理者》中提到，我們的時間可以分成三塊：為直接成果做出貢獻的時間、做一些次要且無意義事情的時間、可自由支配的整段時間。

為直接成果做出貢獻的時間，指的是圍繞你的績效和成果而使用的時間。如果你是業務員，那麼你的成果就是銷售業績；如果你是管理者，那麼你的成果就是你團隊的營業額；如果你是作家，那麼你的成果就是出版的書籍。

做一些次要且無意義事情的時間，指的是你不得不去做的一些事情所花費的時間，這些事情與你的成果沒有太大關係，比如沒有業務往來的客戶突然來訪，你要參與一些與工作無關的社交活動。

可自由支配的整段時間，指的是你沒有固定任務、不被他人干擾，可以沉浸式地去處理某些事情的整段時間。

透過時間記錄分析，你可能會發現，自己的大部分時間都浪費在了無意義的事情上。比如做一個並不能為你帶來任何成長的專案，接受一些時間投入效益很低的合作，報了一些臨時性的課程。你的時間慢慢被這些事情吞噬，一段時間過後你覺

得自己很忙，但最重要的那件事依然沒有做。

所以，時間管理的第一要務是聚焦你的目標，優先完成你目標系統內的事情，不要因為新增的瑣事和臨時的想法忙得團團轉。記住，優先去做一些可以為你帶來直接成果的事情，而不是去做一些沒有成果的事情；對於次要且無意義的事情，應拒絕做或控制時間去做。

時間管理的本質不是完成每一件事情，而是讓你的時間在目標系統裡得到最大化應用，學會把時間聚焦到關鍵事件上。當你意識到這些後，再去使用一些時間管理的技巧，才是在正確的方向上努力，否則你永遠有做不完的事情。

・行動清單・

連續記錄自己一週時間的使用方式，並分析這一週的時間是不是主要花費在與目標相關的事情上。

2. 時間管理之法：守護精力

有時候，我們並不是沒有時間，而是沒有精力。你大概有過類似的經歷：工作勞累了一整天，下班回家後只想在家裡躺著，沒有精力再去學習。

這個時候，你不是沒有時間，而是沒有精力，即做事的動力。我現在的作息表如下。

5:30—5:50 起床洗漱
5:51—7:20 閱讀
7:21—8:00 運動、聽課、買菜
8:01—8:30 寫作、檢視、回顧
8:31—9:00 吃早餐
9:01—12:00 工作
12:01—13:00 吃午餐
13:01—14:00 學習、小憩
14:01—18:00 喝一杯咖啡、工作
18:01—20:00 吃晚餐、休息
20:01—22:00 學習、寫作輸出
22:01—23:00 洗漱、休息

從上述作息表可以看到，我的睡眠時間為 6.5 個小時，雖然白天的工作和學習任務非常重，但我的精力一直比較旺盛，

我每次展現出來的狀態都很好。很多人問我是如何做到始終保持精力旺盛的，這其實跟我閱讀了《精力管理》有很大關係。這本書提到了四個精力來源，它們分別是體能、情感、思維、意志，這四個精力來源也構成了一個精力金字塔：底層的是體能，由下往上依次是情感、思維、意志。我是如何理解這四個精力來源並開始實踐的呢？以下是一些具體的方法。

（1）意志：找到自己的使命。

一個人最大的精力來源是發現自己的使命，找到自己想要的生活和人生。如果你每天被夢想叫醒，被理想的生活喚醒，那麼一整天你都會充滿期待和希望。

剛畢業的時候，我的理想就是成為一名自由職業者，不用為老闆打工，只為自己打工，工作不受時間、地點的限制。我可以自主安排，為自己的工作負一切責任，而不用看同事、領導的眼色。所以，那時候我每天 6 點半起床，拚命學習，週末進行閱讀寫作，為了自己的理想而努力。

現在我老公經常跟我說：「感覺你就像一個鐵人，像一個發動機，可以每天從早幹到晚，不停歇。」每次他這麼說的時候，我都感覺很幸福，我能擁有源源不斷的熱情，就是因為找到了自己的人生使命，並且現在我正在這條實現人生使命的路上前行著。

尋找人生的意義，尋找自己的使命，尋找自己熱愛的事業，尋找的旅途本身就是很美好的，因為每一天都充滿新的可能，你不妨帶著好奇的心態去看看自己將會去到哪裡。當你發

現自己心儀的事業、心儀的生活,並願意這一生為之奮鬥不止時,努力的過程就會變得很美好。多去想想你想做什麼,你想持續地去幫助哪一群人,你最想花時間去做的事情是什麼,當你活在自己的熱愛和使命裡時,你就會有無窮的力量來把事情做成。

(2)思維:讓大腦保持活躍。

一定要讓自己堅持學習,用知識武裝自己的大腦,通過思考強健自己的思維。

《終身成長》這本書中提到了兩種思維:固定性思維和成長性思維。擁有固定性思維的人認為自己的才能是一成不變的,會因為失敗而氣餒,而擁有成長性思維的人相信一切都可以透過努力來改變,失敗只是自己學習的過程。如果一個人的思維總是處於固定模式中,他便很容易被生活中的挫折、困難消磨意志力,而對一個擁有成長性思維的人而言,他是不容易被生活中的挫折和困難擊敗的,反而會越挫越勇。

如何讓自己從固定性思維轉化為成長性思維呢?保持學習,成為終身學習者。你可以透過持續不斷地學習新知識,建立新的認知,來打破原有的思維;多和優秀的人溝通交流,交換彼此的觀點和想法,用他們的觀點和想法來衝擊自己的固有思維。

你或許經常聽到一句話:人老了,記憶力下降了。其實這是因為我們年齡越大,學習的東西越少,大腦被調動得越少,偶爾學習新東西的時候,會感覺費力而有挫敗感,我們因此慢

慢地趨於放棄，大腦的退化又進一步加重。

讓大腦保持活躍的方式就是接受挑戰。哈佛大學醫學院的一位心理學教授說過：「每當學習新事物，人們都會建立起大腦細胞新的連結。」所以持續挑戰自己的大腦，可以預防年紀變大帶來的大腦退化，也能讓我們更好地應對生活中的各種困難。

（3）情感：和他人保持關係。

你也許有過這種經歷：生氣的時候，做事情開始變得很低效，無法集中注意力，總是想宣洩情緒，結果情緒處理不當，只會更加影響自己。為了守護精力，我們應學會處理自己的負面情緒，並讓自己多擁有正面情緒。

當你與一個人、一件事、一個物品建立信任、愉悅的情感關係時，這種情感關係便可以補充你的精力；當你與一個人、一件事、一個物品建立恐懼、憤怒、悲傷的情感關係時，這種情感關係便會消耗你的精力，讓你覺得特別累。

為了守護自己的精力，我會在自己的學習和工作中，特意做一些讓自己保持正面情緒的事情，這是我列出的四條小建議。

去做取悅自己的事情，回顧檢視自己有多久沒有感到真正的放鬆了，激勵自己每週都拿出一定的時間來做些有趣又能使自己放鬆的事情。

在你的工作崗位上，與至少一位同事保持良好的關係，必要的時候雙方可以相互傾訴。

不以自我為中心，多多照顧身邊人的感受和想法，多做利

他之事，種下美好相處的種子，你自然也會收穫身邊人的善意。

不管你的情感是好還是壞，嘗試接受所有的情感，不要排斥它，要去感受它。

（4）體能：好好愛護身體。

體能就像是柴火，為你提供源源不斷的能量，而體能取決於你的飲食、睡眠、呼吸、運動。如果某天你沒有休息好，第二天你可能會感覺很暈；如果某天你沒有吃午飯，在飢腸轆轆的情況下，你肯定也無法集中注意力，專注於學習。

有一段時間我為了減肥，每天中午只喝一杯咖啡，吃一塊麵包，但是每次到了下午 4 點的時候，我就無法集中注意力工作了，腦海裡只想著怎麼和飢餓作鬥爭，工作效率非常低。當我意識到盲目減肥會給自己帶來影響時，我開始調整自己的作息和飲食，不只是一味地節食，還增加了運動量，每天跑 5 公里。當我堅持一週後，我意外地發現，自己的精力好了很多，每天晚上睡夠 6 個小時，中午休息 20 分鐘，就可以保證全天精力充沛，而且做任何事情，注意力都能高度集中。所以，你如果希望自己可以保持源源不斷的精力供給，那麼要盡量做到以下幾點。

呼吸或冥想：有壓力的時候可以深呼吸或進行冥想，關注自己的一呼一吸，這樣可以有效地調整身心狀態，尤其是睡覺前，關注自己的呼吸或進行冥想，有助於進入睡眠狀態。

飲食：保證正常的一日三餐，盡量避免攝取不健康的食物，多吃水果蔬菜，不要為了減肥刻意節食。

睡眠：每天保證四～五個週期（每個週期 90 分鐘）的睡眠，不要熬夜。

運動：每天運動 30 分鐘能讓你精力充沛。

·行動清單·

從體能、情感、思維、意志四個層面分析自己的精力狀況，並思考如何守護精力。

3. 時間管理之術：運用時間管理技巧

當你意識到了時間管理的第一祕訣和第二祕訣分別是聚焦目標、守護精力之後，下面這些時間管理技巧才會更好地起作用。

（1）填滿你的時間杯子。

如果把你所擁有的時間當作一個杯子，把你要做的各種事情當作大小不同的石頭、沙子和水，為了讓杯子能裝下更多的

東西，我們應該先放什麼、後放什麼呢？

因為沙子輕，很多人會先放沙子，可是等到沙子把杯子填滿的時候，我們再放石頭，石頭已經放不下了。我們應該先放石頭，看起來石頭把杯子填滿了，但是我們依然可以往裡面倒沙子，等沙子填滿之後，還可以倒水。

這裡的石頭就是我們生活中最重要的那些事和需要整塊時間完成的事，我們只有先完成這些事，再去完成次要的事，時間才能得到最大化應用。

（2）讓你的時間產生複利。

你可以讓時間產生複利，即同一時間做兩件不衝突的事情，例如可以將體力勞動和腦力勞動相結合。我經常會在跑步的時候聽書學知識或聽音樂放鬆，上下班乘車的路上打電話協商事情，這樣一份時間就得到了兩次使用，我同時做了兩件事情。

讓時間產生複利的另一種做法，就是重視每一件事情的結果，並把每一件事情的結果作為下一件事情的生產資料。比如我每次做完諮詢會及時進行知識萃取，把某些問題的解決方案放入課程中打磨，再把成熟的課程文稿放進書稿等，這樣後面的每一個環節都不是從零開始，而是基於我之前累積的內容進行的。

（3）給你的時間定價。

給你的時間定價，也可以幫助你判斷哪些事情應該做，哪些事情不應該做。比如有人來找我做諮詢或尋求合作的時候，

我會先評估這件事情要花多長時間,然後根據我現在的時薪計算做這件事情的成本,考慮劃不划算,如果不划算,我就會考慮拒絕。

·行動清單·

為你的時間定價,並且思考哪些時間是因為自己不善於拒絕而被他人占用的。

3　能量管理：能量比能力更重要

最近 2 年，我越來越覺得能量比能力更重要。擁有能量，你就能吸引到很多人來做一件事。但是如何讓自己保持高能量的狀態呢？本節將為你講解。

1. 打開枷鎖，記錄成就事件

很多人說：「莎莎老師，為什麼你的能量那麼高？感覺每次見到你，你都很有精神、很自信，好像都不會累，你是如何做到的呢？」這裡要說明一下，能量與能力是不同的，能力是指做一件事的綜合水準，而能量是指做一件事的精神狀態。我們可以將高能量理解為做事情很勇敢、很有熱情、很積極，內心動力很足，抗挫折力強。

想要讓自己持續保持高能量，首先要持續做自己喜歡的事情，找到人生使命感，每天都活在熱愛裡，即使有什麼不順心的事情，也能馬上調整狀態；其次要找到提升能量的兩把鑰匙──擁有良好的信念，累積成就事件。

（1）找到力量，從破除不好的信念開始。

每個人的腦海裡都可能裝了很多不好的信念，這些信念源於我們對一些客觀的事情有了一些錯誤的認知，比如自卑、對他人的評價和回饋特別敏感、不太敢社交等，這些都是一些負面經歷帶來的後遺症。當我們在這些不好的信念的影響下，遇到一些無法處理的事情時，就會過度內耗。

小時候，我很愛寫作，總是以文字的方式跟母親溝通，母親卻對我說：「不要總是用文字表達，你要善於用說話的方式來表達你的觀點，文字是會留下痕跡的，而把話說出來，別人只是聽聽而已，你並不會給人留下什麼把柄。職場上那些優秀的人，都是能說會道的人。」這樣的話讓我很不舒服：一方面，這樣的話讓我很自卑，認為自己不會說話，到了公開場合也不會自信；另一方面，這樣的話讓我覺得文字表達真的很無力，讓我失去繼續寫作的信心。

後來，我經常會被這個不好的信念困擾：我不會說話，我不擅長溝通。一遇到公開場合人特別多的情況，我就緊張；每次去參加一些人很多的活動，回來後我就有點「元氣大傷」的感覺，並要調整很久。

這些不好的信念在某段時間對我的影響非常大，甚至使我有種很受傷的感覺，於是在那段時間裡，我看了很多與心理學相關的書來療癒自己，慢慢地和自己和解。這個和解的過程，其實就是去發現源頭事件、破除負面認知、還原客觀事實的過程。

现在回頭去看，我喜歡寫作是事實，但是我不擅長溝通和表達卻不是事實，因為文字也是溝通和表達的一種方式。當時的我心智不成熟，母親的話影響了我對自己的主觀判斷，讓我覺得自己不擅長溝通和表達，也不願意去改變。當我意識到這一點，找到自己對溝通和表達不自信的根源後，我開始去改變，並且也更加願意用文字去表達，也始終相信，文字給我帶來的一些成績，會讓我在公開場合的表達上更有力量。

除了表達上不自信，我還發現自己格外在意外界評價、不敢和別人談錢等的缺點，這些都可以從過去的經歷中找到根源。當你知道自己為什麼會這樣想，撕掉他人施加給自己的錯誤認知時，其實你就開始和自己和解了，你也就願意慢慢改變了。

所以，很多時候能量不足是因為我們給自己戴上了枷鎖，找到鑰匙並打開它，我們的能量就會越來越高。

（2）建立自信，從記錄成就事件開始。

除了破除不好的信念外，為了提升自己的能量，我們還要多記錄成就事件，也就是寫成就日記。我在聊天的時候，經常會聊到成就感這個詞。很多人聽到成就感，都會有一種大腦空白的感覺，覺得自己沒有什麼成就，這就是一種自我能量非常低的體現。

在日常生活中，你可以保持寫成就日記的習慣，每到月末，你就可以回顧自己的成就事件，這樣會讓自己特別有能量。哪些事情可以被稱為成就事件呢？其實成就事件並不是要求你要在某個領域取得非常大的成就，你的對照標準是你自

己，你只需要和過去的自己相比，所以以下事情都可以算是成就事件。

你獲得了主管、同事、陌生人的稱讚。
你突破自己內心的障礙，嘗試去做了一件有挑戰性的事情。
你被認可，被授予了某項榮譽。
你堅持做一件事情，堅持了很多天。
你實現了某個願望。
你認識了一個你很崇拜的人。
你談了一場戀愛。
你獲得了一份心儀的工作。
你發現自己在一些方面進步了。

當你意識到成就感源於每一次微小的進步時，你就會幸福很多。每到年末，你還可以為自己做一次年度成就事件大盤點，透過回顧這一年的成長來增強自信心。從 2016 年開始，每年我都會給自己做一次年終總結，去回顧這一年的成長與收穫，不管那一年過得好還是不好，每當我做完年終總結，我都有一種成就感。原來今年的收穫這麼多，原來今年經歷了這麼多事，原來今年我又成長了，當我意識到這些時候，我就感覺內心充滿了力量。

> **・行動清單・**
>
> 嘗試每天寫成就日記，並覺察自己有哪些不好的信念。

2. 平衡生活，讓好關係滋養自己

之前我的合作夥伴問我：「莎莎，你有生活嗎？」我當時愣了一下，原來我在他的心中是沒有生活的，他以為我的生活就是工作，工作就是生活。我之前確實是事業型的人，一心只想著工作，不喜歡花時間與他人相處，不喜歡陪伴家人，也不願意找男朋友，生活非常單調。我不想跟任何人產生比較緊密的聯繫，覺得人際關係有礙於工作，畢竟一段不好的關係會非常消耗自己。

但是一年過後，又有學員問我：「莎莎老師，你是如何平衡工作和生活的呢？你工作這麼高效，沒想到談戀愛也這麼高效，去年年初你還是單身，今年你就結婚了。」我確實也覺察到了自己的變化，我開始慢慢地去經營自己與身邊人的關係，

我與家人變得更親近了，也有了伴侶。更重要的是，我意

識到人真的需要活在關係裡,一段好的關係會滋養自己,也會給自己帶來很多能量。

關於如何平衡工作和生活,我覺得最重要的是平衡好關係,即你與工作、自己、家人、朋友的關係。

(1)平衡你與工作的關係。

明確你與工作的關係,首先你要想清楚自己為什麼工作,希望透過工作實現什麼,達到什麼目標,獲得怎樣的人生成就;其次你要明確,工作是服務於你的,而不是你服務於工作,你透過工作來體現個人價值、獲得回報,但是這不代表你要為了工作犧牲自己所有的時間,過度消耗自己的身體。

好的工作能夠實現個人價值,帶來物質回報,同時給你帶來個人成長,以及精神上的喜悅與富足。所以,我們要轉變自己對待工作的心態,積極主動地掌控工作的節奏,而不是被動地安排和接受。

(2)平衡你與自己的關係。

我們應花時間去關注自己身體和心理的健康,去覺察自己的一些體徵,並且對身體發出來的一些不好的信號加以重視,堅持運動,提升自己的免疫力,定時體檢。

為了讓自己保持充沛的精力,我在 2016 至 2019 年,每年都堅持跑步,平均每年跑 1000 公里。2020 年後,我沒有再堅持跑步,但是會用軟體鍛鍊或進行快走慢跑,有時候即使很忙,我也會去樓下的健身房快速跑 30 分鐘。運動會讓你提高身體的活力,重新點燃你的熱情。即使時間非常有限,你也可以

在家裡找個地方做開合跳,每組二十個,每天做五組,這完全可以用間隙時間完成。

除了身體健康外,我們還應關注自己的心理健康,及時關注自己的情緒,接受自己的情緒,悅納自己。疲憊的時候,可以閱讀一些與心理學相關的書,多進行自我梳理。

創業需要內心足夠強大,而內心的強大不是別人給的,而是源於自己的反思、覺察和修復。所以我經常給自己獨處的時間,如去公園裡走走、一個人去跑步等,讓自己的壓力得以釋放。

(3)平衡你與家人的關係。

我們應經營好自己和家人的關係,他們會給你帶來很高的能量,家人包括你的伴侶、父母等。為了和他們保持健康的關係,我還制定了我與他們的相處原則。

伴侶:經營比選擇更重要,所以我和我的另一半會彼此珍惜,也會彼此理解;工作起來非常忙碌,我們就每天一起吃晚飯,一起上下班,透過這樣的小事來陪伴彼此,這也是一種高品質的陪伴,能使我們彼此都感到滿足。

父母:保持理解和陪伴很重要,所以我會每週打一次電話給父母,以了解他們的情況;此外,為他們設置幸福基金,每月給他們轉帳,以及每次過節的時候給他們發紅包。

(4)平衡你與朋友的關係。

你有沒有幾個可以隨時聯繫,並且在你需要幫助的時候能隨叫隨到的朋友?你有沒有去維護自己的社交圈?我將自己的朋友分為幾類,他們分別為客廳朋友、書房朋友、辦公室朋

友、臥室朋友。

客廳朋友是那些我要以禮相待的朋友，我和他們保持著一定距離，但是很敬重他們。對於這類朋友，我經常會去看一看他們的微信朋友圈。

書房朋友是指可以和我一起學習、成長、進步，相互支持的朋友。對於這類朋友，我經常會關注他們的需要，以確定是否可以給予他們一些支援和幫助。

辦公室朋友是指團隊裡和我並肩作戰的朋友。對於這類朋友，我每週都會約時間和他們一起交流、思考。

臥室朋友是指很親暱，彼此有困難時會幫助對方的朋友，這類朋友會耐心了解我的困難。對於這類朋友，我不用刻意地去維護，但是只要我想對方了，就可以馬上給他們打電話。

對於以上四種關係，如果我們願意花時間去處理好、平衡好，那麼我們的工作和生活都會呈現出更好的狀態。

· 行動清單 ·

思考自己與工作、自己、家人、朋友的關係是不是健康的。

3. 允許暫停，爲了更好地開始

2019 年，是我成為自由職業者的第一年，那一年我開發了一個訓練營，營運了四期，影響了近千名學員。到了 2019 年 12 月的時候，我覺得很累，在結束最後一期訓練營，從咖啡館走回家時，眼淚不自覺地掉下來了。可能是覺得自己這一年過得太辛苦，我到了年末的時候居然有一種空虛感。

後來，我找了一位老師聊天，老師問了我一個問題：「這一年，你有沒有做一些讓自己開心快樂的事情呢？」我突然意識到，當你把自己的時間全部留給工作，而沒有時間讓自己與別人建立關係，沒有花時間去陪伴自己，和自己好好相處時，無論你賺了多少錢，你都無法感到幸福。

我在做 2019 年年終總結的時候，畫了一張思維導圖，用生命平衡輪梳理了自己在個人成長、職業發展、財務狀況、自我實現、朋友關係、家庭關係、身體健康、休閒娛樂 8 個維度的成長與收穫。我發現自己在個人成長、職業發展兩個維度能梳理出很多的內容，這些內容占據了所有內容的一半；而從休閒娛樂維度進行梳理的時候，能想到的非常少；在梳理家庭關係的時候，內心竟然有一絲失落空虛感，因為自己和家人的關係處理得並不好。當我把這一整年用一張紙梳理出來後，我意識到了這一年過得很累的原因：自己一直處於緊繃的狀態，一直在趕路，忘了停下來欣賞路邊的風景，去做自己喜歡的事，和家人好好溝通。

意識到這個問題後，2020 年，我開始刻意調整自己的節奏，騰出時間來好好生活，累了就讓自己放鬆一下。2020 年 6 月，我在高強度工作幾個月後，看了看地圖，看看有哪些地方是自己沒有去過又一直想去的。看完後，我直接買了一張去呼和浩特的機票。

在呼和浩特，我住了一家很有特色的民宿，吃了當地的美食，去了一趟大草原。放鬆完畢，我就拎著筆記本去當地的商場找咖啡館或書店辦公，陌生的城市、嘈雜的環境，居然能讓自己沉下心來好好工作。有時候，我們的累除了因為工作，也可能因為環境的一成不變。試著換一個地方，新的環境或許會給你新的能量。

我把這次出行當作一場旅行辦公，在路上一邊欣賞風景一邊工作。你如果也是自由職業者，那麼可以試試看。工作是為了生活，我們不必為了工作而降低生活品質。你不妨也和我一樣，好好吃飯，一個人看場電影，甚至在特別累的時候，可以直接買張票去旅行一趟，旅行歸來，自己可能會有一種充滿能量的感覺。你也可以在某一天晚上 8 點就睡覺，睡到第二天早上 6 點，睡完一覺起來，你的精神也會格外好。

為了讓自己在想要放鬆的時候能及時放鬆，你可以去覺察自己在做什麼事情的時候會開心，會忘記時間的存在。一定要找到這樣的事情，當你能量低、累了的時候，做這些事情會讓你得到療癒。

以下為我的娛樂放鬆清單。

- [ ] 開啟 1～3 天的家庭旅行體驗新事物
- [ ] 玩跳舞機、泡溫泉、做料理、畫畫
- [ ] 和孩子玩、聽音樂
- [ ] 記錄語音日誌
- [ ] 彈彈吉他、唱唱歌、看喜歡的比賽
- [ ] 養護綠色植物
- [ ] 做手工藝、拼圖等
- [ ] 爬山，並用 App 記錄特別的路線
- [ ] 和家人一起露營，去感受大自然
- [ ] 整理收納
- [ ] 去植物園
- [ ] 去海邊

・行動清單・

為自己寫一個休息清單或能量補充清單，在上面列出自己累的時候可以做的事情。

4

影響力　建設好個人品牌

當你在變得越來越專業的時候，一定要去幫助更多人。如何去幫助更多人呢？你需要獲得更大的影響力，吸引更多需要你的人來關注你、並為他們提供服務。

1 輸出力：如何擁有自己的多個作品

輸出，是把知識用起來的最小可執行動作，也是做知識萃取的基礎動作；持續不斷地輸出，是對外展現專業性的一種方式，也是讓自己擁有影響力的基礎。每一次輸出都是在強化個人品牌，所以我們一定要養成輸出的習慣。

1. 定方式，找到最合適的方式

網路時代有一種紅利叫作表達紅利。誰會表達，誰就占據了競爭優勢。任何好的內容、有價值的內容，都可以在網路上一傳十、十傳百，所以，要想建立自己的影響力，就要學會表達。寫文章，演講，做短影片、音頻、直播都是有效的表達方式，你可以找一種自己喜歡的表達方式並開始刻意練習，然後通過輸出來展示自己的專業性，從而獲得影響力。

（1）練習寫作，充實知識創作者的基本功。

寫作是知識創作者的基本功，無論是在職場上寫工作報告，還是在職場外經營自媒體，寫作能力都會成為你的核心競爭力，所以提升自己的寫作能力非常重要。

我讀小學的時候寫日記，讀國中、高中的時候寫週記，讀大學的時候加入學校的記者社團寫活動新聞稿，現在寫微信公眾號文章、分享稿，這些都是在鞏固自己的寫作基本功。在職場上，我因為會寫作被老闆賞識；創業後開始做知識型網紅、開發課程及出書，在這個過程中，我明顯感受到良好的寫作基本功給我帶來的非常大的幫助。透過寫作，我的思考能力提升了很多，我在寫作的時候可以輕鬆地從一個點擴散到一個面；我對生活的覺察力和感知度也提升了很多，我能夠關注到生活中的一些細節；我的邏輯能力也提升了，日常溝通和表達變得更加有邏輯、有條理。

那到底如何提升自己的寫作能力呢？對此我有以下幾個建議。

① **累積寫作技巧**：去看幾本與寫作相關的書，或者學一個與寫作相關的課程，拆解一些好文章的寫作結構，累積一些寫作的框架，每天用文字記錄自己的所思、所感、所想，把文字作為對外表達的一種方式，刻意提升自己的寫作能力。

② **前期大量輸入**：寫作是需要觀點和故事的，觀點和故事除了源於生活，還源於書本。你還需要進行大量的閱讀，從書中找到新觀點、新方法和新故事，這樣你在寫作的時候才有內容可以輸出。

③ **主動獲取回饋**：如果想讓自己的寫作能力越來越強，除了不斷練習外，獲取回饋也很重要。你可以主動地發動態或在自媒體平臺上分享文章，看看你的讀者多不多，有沒有人給你

按讚和留言,這些可以反映出你的文章是否能夠幫助讀者解決問題或提供價值。如果能找到一位寫作教練精準地為你提供指導和回饋,你的提升速度會更快。

(2)嘗試視覺表達—— 一種新型的表達方式。

除了用文字的方式輸出文章來體現自己的專業性,現在也很流行視覺表達。視覺表達就是透過更直觀的圖形、圖像、圖示、圖表來表達,比如常見的思維導圖、知識圖卡、漫畫、插畫等。

文字表達的優點是資訊全面、完整且詳細,但也有一個缺點,就是在資訊爆炸、時間破碎化的時代,讀者面對篇幅較長的文章很難有耐心讀下去,而囫圇吞棗式的閱讀並不便於理解和記憶。於是,一種更直觀、內容高度濃縮且圖像豐富的表達方式被很多讀者喜歡和接受,並且容易給讀者留下深刻的印象,這就是視覺表達。

從 2017 年開始,我開始刻意提升視覺表達能力,比如,製作思維導圖和知識圖卡。我把自己製作的思維導圖和知識圖卡發布到網路上後,吸引了很多人關注,個人影響力也因此慢慢建立起來。同時,我用這種方式去梳理工作職位元上的一些內容和專業知識的時候,也獲得了主管的認可。在我看來,視覺表達是一種非常有用的表達方式。

如果你想提升視覺表達的能力,可以參考以下兩個建議。

① **主題閱讀習**:推薦閱讀《高效學習法:用思維導圖和知識圖卡快速構建個人知識體系》《XMind:用好思維導圖走上

開掛人生》《餐巾紙的背面》《完全圖解超實用思考術》《圖像思考與表達的 20 堂課》，這些書能提升你的視覺表達能力。

② **大量練習：**其實視覺表達的應用無所不在，任何一次思考和規劃，任何一次記學習筆記，任何一次表達和溝通，都可以用到視覺表達，而視覺表達的精準程度確實與練習次數正相關。

（3）掌握公眾演講——一種即時的表達方式。

寫作和視覺表達都是靜態的表達方式，而公眾演講是一種動態的表達方式，更具時效性。在一些重要的機會面前，你可以即興發揮，使表達更為直接，從而讓他人對你的認識更為立體。

在各種實體活動中進行自我介紹的時候，每每聽到鏗鏘有力的聲音，我都會被吸引過去，多看對方兩眼。雖然每個人的音色是不一樣的，但每個人都可以做到用聲音傳遞力量。大多數人都不喜歡跟一個說話有氣無力的人交談。聲音會點燃一個人的情緒，所以想要提升影響力，聲音方面的練習很重要。

很多人害怕在公開場合進行分享，比如我之前在公眾場合分享的時候經常會害羞並感到自卑，每次發言的時候都會臉紅，聲音很小。剛開始在網路上當自由講師的時候，我每次講完課都會冒虛汗，喉嚨也會變得沙啞，但我現在好了很多，聲音很有力量感，連續講幾個小時都不會累。

如果你想提升演講能力，可以參考以下幾個建議。

① **說話要有自信：**我在前期做公開課的時候，最大的缺點是對自己的聲音不自信，因為我的聲音偏娃娃音，我每次說話都有人說我的聲音很特別，這導致我覺得自己很奇怪、不

正常,刻意地使自己的聲音變得低沉、平淡。但當我習慣把音色變成自己的特色,慢慢接受自己的聲音時,我開始變得很自信,相信自己的聲音很好聽,我的聲音也變得很有力量感。

② **練習科學發聲**:有了自信之後,你可以去看一些專業的視頻來糾正自己的發聲方式,也可以找一個專業的聲音教練精準地診斷自己的發聲問題,從而進行正確的練習。

③ **大量練習,獲得回饋**:掌握了正確的方法後,你可以錄製自己演講的視頻並回看,不斷提升和優化;還可以參加一些演講活動,與有共同興趣愛好的人交流,這有助於你更高效地成長。

(4) **嘗試視頻直播——一種真實的表達方式。**

在資訊爆炸的時代,大家對知識呈現方式的要求越來越高——原來是文字,後來是音頻,再後來是圖文,現在是短視頻和直播。

近幾年,新媒體平臺推出了短視頻與直播的內容,這意味著知識創作者不光要會寫作、會演講,還要會拍攝、會剪輯。要想持續在知識服務行業穩定輸出,知識創作者就要開始做短視頻與直播。2021 年 11 月,我連續直播了 7 天,在直播間內分享乾貨知識的同時進行轉化行銷,產生了近 20 萬元的銷售額。

關於短視頻和直播能力的提升,我有以下幾個建議。

① **不要等一切準備好了才開始**,有一支手機、一個三腳架就可以直接開始。

② **透過練習找到自己的風格和感覺**,鍛鍊自己面對鏡頭也

能自然流暢分享的能力。

③ **一步步提升某種具體的能力**，比如互動能力、語言感染能力等。

④ **分享乾貨知識時可以在直播間準備一張小白板。**

⑤ **看他人的直播，學習流程和話術及在直播間使用道具的方法。**

> **· 行動清單 ·**
>
> 　　思考自己的表達方式，至少選擇一種適合自己的表達方式。

2. 定節奏，源源不斷出作品

對於知識創作者而言，源源不斷地輸出作品的能力才是核心競爭力。以下為提升創作能力的四個方法。

（1）抓住靈感。

有靈感的時候，你應該馬上創作或記下關鍵詞。

我們在閱讀的時候，遇到覺得有用的內容往往習慣性地畫

線做標註,然後繼續閱讀後面的內容,但你在閱讀後面的內容時很有可能就把前面的內容忘了。所以,如果你在閱讀的時候有靈感,可以馬上停下來,開始創作。如果你對某個知識點很有想法,也許是發現它可以解決你的某些問題,或者是想到了其他與之相關聯的知識,又或者是想明白了一個之前一直沒想明白的問題。這時你應停下來,把你對這個問題的思考和你獲得的啟發寫成一篇 300～800 字的文章。30 分鐘的時間裡,你可以用 10 分鐘閱讀,用 20 分鐘輸出,完成從輸入到輸出的閉環。你輸出的這些文章是真正內化後的作品,它會幫助你將知識記得更加牢固。

與此同時,對於一些值得反覆拿出來調用的知識,你可以將它們做成知識圖卡,保存在自己的電腦裡,這樣後面想到這些知識的時候就可以直接將其調出來,不需要再到書或文章裡尋找。

寫作中非常重要的一個步驟是積累寫作素材,但是積累寫作素材並不能只依靠一個簡單的收藏動作。寫作素材是可以與你的過去或未來的行動計劃產生連結的,做好延展、分類、加工,後面才更容易調用。很多人的電腦裡有一堆素材,但他們還是寫不出內容,就是因為他們收藏素材時只是滿足了自己的收藏欲,而沒有經過充分的思考;而當你認真思考後,那些你親自加工的素材在未來被調用時,才會產生複利價值。

(2)零存整取式地進行創作。

如果你想圍繞某個領域做出自己的知識產品,比如開課、

寫書、做社群，那麼每天寫上幾百字非常重要。很多人覺得寫作是一件困難的事，是一個非常浩大的工程，所以無法開始。這時，你不妨圍繞某個主題，每天輸出一條筆記。比如你想提升寫作能力，那就寫寫作思考；你想學設計，那就寫設計思考；你想提升交往能力，那就寫交往技巧。

當你有了一個主題後，你在學習、生活和工作中看到的、聽到的就可以被歸納到這個主題下，並且可以被寫出來。這個方法會讓你的學習更具針對性，也會讓你的學習非常有秩序。每學完一些內容，就輸出一些，最後你會發現自己的知識體系已經透過輸出的方式清晰且有條理地呈現出來了。

隨著你寫的文章越來越多，你會發現自己寫幾千字、上萬字的長文變得越來越容易。因為當你要寫上萬字的文章時，你可以直接從之前的文章中調用相關內容，稍微優化一下，就有幾千字的內容了；當你要寫一本 8 萬字的書時，你將之前寫的上百篇文章整理一下，就有幾萬字了。所以，羅馬不是一天建成的，平時打好基礎，真正要建高樓大廈的時候才會比較輕鬆。

（3）破除完美主義，不要等變得完美再行動。

很多人無法開始創作輸出，還有一個原因是追求完美。對此，我有以下幾個建議。

① **不要著急，接受自己要經歷一個慢慢變好的過程**。沒有人一開始就是完美的，任何人都需要經歷一個慢慢變好的過程。從新手到高手，一定是一段非常長的孤獨之旅，會有一段非常難熬的練習期。但只有經歷過這段練習期，你才會慢慢趨

於完美。你要相信，自己每多一點行動，就會多一點進步。

② **敢於暴露缺點和不足，並接受它**。每個人都是潛力股，許多次不完美能讓我們更接近完美。不完美是一件好事，因為你可以從中發現自己的缺點和不足，從而加以彌補。

③ **機會不等人，要在行動中變得完美**。我們應抓住機會，在行動中變得越來越完美。

（4）從事件中回顧，不斷成長。

想要讓自己持續地輸出原創知識，還有一點非常重要——做事件回顧。當你做成了一件事，應總結成功要點；當你辦砸了一件事，應總結失敗的原因，並圍繞原因尋找解決方案，以避免再次失敗。當有了幾次「失敗——找原因——找方案——重新做——找原因——找方案」的經歷後，你對做某件事就已經有了一定的方法論。

不斷回顧成功和失敗的經驗，從經驗中提取出方法論，會讓你的創作更具現實意義，更容易使讀者產生共鳴。持續回顧將提升你的覺察力、分析力和做某件事的效率，也會讓你變得更加專業。

> · 行動清單 ·
>
> 嘗試每天記錄 500 字與專業相關的內容。

3. 定類型，打造代表性作品

穩定輸出、持續分享，可以讓你持續建立影響力。你在輸出的過程中要善於規劃自己的作品類型，既要打造作品庫，又要打造代表性作品。

我的專業能力是知識可視化，我的作品就是思維導圖和知識圖卡，目前我的電腦裡已經有 100 多本書的思維導圖和知識圖卡，其中知識圖卡有 3000 多張。這些作品是我平時學習時輸出的基本作品，除了基本作品，我還規劃了自己的代表性作品：熱門作品、創意作品。

（1）打造熱門作品。

我每年鎖定的關鍵事件都有得到 App 創始人羅振宇的「時間的朋友」跨年演講。每年「時間的朋友」跨年演講結束，我會馬上輸出該演講的思維導圖和知識圖卡，並把它發布在得到

App 的知識城邦和我的微信公眾號上。

聽演講屬於即時性的學習吸收過程，演講後的文字稿能幫助讀者還原演講的內容，而思維導圖和知識圖卡這種結構式輸出能幫助讀者更好地理解整場演講的邏輯結構，讓讀者從俯視的角度理解和吸收內容。所以每次的思維導圖和知識圖卡分享都會引來很多人的關注和議論，也使我的個人品牌得到了廣泛傳播和多次曝光，精準吸引了一大批目標受眾。

除了羅振宇每年的跨年演講，很多知識 IP 也有自己的年度活動，這些都是知識學習領域的關鍵事件。針對每年的關鍵事件，你可以用你的技能做一些特別的輸出：如果你擅長演講，可以就某一個觀點做一次簡單分享；如果你擅長寫作，可以圍繞這些事件輸出文章；如果你擅長設計，可以把這些事件裡的金句設計成海報。

（2）打造創意作品。

除了關鍵事件，你也可以找一些普通的事件和內容，用有創意的做法將其加工一遍，這樣做一方面可以展現你的專業性，另一方面，你可以透過創意來吸引粉絲。例如，在學習如何做視頻號的時候，不同於常規的聽音頻、看文章，我是將做視頻號的知識做成了一張重點知識地圖；許多人學一門課程，筆記基本都是根據課堂內容用文字記錄的，而我會將課程精華做成一張結構圖。每年年終，我都會給自己畫一張思維導圖來總結這一年，每次我將思維導圖發佈出來，都會在自己的社交圈裡引發一場熱議，這種思維導圖也是一種創意作品。

你擅長什麼技能,就可以用這項技能去解釋和參與相應的有影響力的事件,這會有效放大你的影響力。圍繞你的專業技能,你能想到的關鍵事件和創意做法有什麼?任何關鍵活動、關鍵節日、熱門事件等,都可以成為你的創作素材,你都可以用自己的創意做法將其解釋一遍。創意作品就是要有所不同,並讓旁人有眼前一亮的感覺。

> **・行動清單・**
>
> 想想自己可以透過做哪些事情來打造自己的代表性作品。

2　分享力：如何讓自己更好地被看見

很多人都害怕分享，擔心自己分享的內容不夠好，怕誤人子弟。其實分享和課程是有區別的：分享是介紹所有你認為好的東西，不具有交付屬性；課程是有目的的，要教別人學會某樣東西、獲得某項技能，具有很強的交付屬性。所以，不要把分享變成一件有負擔的事情。輸出是建立影響力的第一步，分享是建立影響力的第二步，酒香不怕巷子深的時代已過，你只有主動分享你的作品，你的作品才能被更多人看見。

1. 玩轉自媒體，擁有第一批粉絲

建立影響力應從身邊人開始，但是我們每個人生活、工作的社交圈有限，有的人微信好友只有幾百人。所以，想要提升影響力，就要從營運自媒體帳號開始，借助網路，放大自己在線上的影響力。

網路改變了人們的生活方式，提高了信息傳播的速度，增加了普通人變成 IP 的機會，從而讓「被看見」變得更容易、更快速。

所以，想打造自己的影響力，我們就要在小紅書、微博、今日頭條等自媒體平臺上輸出有價值的內容，幫助他人，從而讓自己「被看見」。

我們儲存自己輸出的作品的地方，可以分為三個層次：第一個層次是你的私人空間，該空間內的作品別人看不到，比如你的電腦；第二個層次是你的粉絲空間，可以是你自己經營的微信公眾號、知識星球等，只有微信公眾號和知識星球等的粉絲可以看到相關作品；第三個層次是陌生人空間，是指例如：小紅書、知乎、簡書等自媒體平臺，你在這些平臺上發布作品，平臺會依演算法幫你推廣，陌生人也能看到你的作品。

我們大多數人只是把自己的經驗、思考留在自己的腦海裡，並沒有把它們顯化出來，而即使把自己的經驗、思考顯化出來，也可能只是將其儲存在哪個私人空間中。這些被儲存在哪個私人空間中的經驗、思考沒有被分享出去，它們的價值就被埋沒了。我們每天使用的微信、抖音、小紅書、微博、今日頭條上，都不乏這樣的故事：普通人成為「網紅」，帶貨銷售額達「×× 元」。網路時代讓每個有才華的人輸出的內容都能得到大範圍的傳播。只要你在網路上生產了一些好內容，內容的複利就很可觀，一條內容可能會使帳號增粉幾十、幾百、幾千。而這條內容在網路的流量推送下，未來很長一段時間裡都可能會被其他人看到，進而獲得點讚。

在網路的推動下，普通人不再是「普通人」，在某個細分垂直領域，任何一個人只要有才華並持續精進和耕耘，就有可

能「破圈」，成為一個領域的小 IP，獲得影響力。

凱文・凱利說：「每個人都有潛力成為一個創造者，獲得 1000 個真實粉絲，這些粉絲會為你付費。」有 1000 個真實粉絲，獲得他們的信任，你就能夠透過各種方式獲得收入。在小紅書平臺，你只要有 1000 個粉絲，就可以透過直播帶貨來賺取佣金了。千萬的粉絲量聽起來很難達成，但 1000 個粉絲確實是每個人都可以獲得的，一個月不行就半年，半年不行就一年。

我正式離職成為自由職業者的時候，我自己的微信公眾號只有 1200 個粉絲，簡書只有 4000 個粉絲，頭條號只有 1000 個粉絲。當我有了這些粉絲，每天都有人來添加我為微信好友，向我諮詢與做筆記相關的內容時，我慢慢地感受到了自己的價值，也有了離開職場成為自由職業者的勇氣。

所以嘗試在自媒體平臺進行創作，好好地營運自己的帳號，你的人生會有很多可能性。但我不建議你為了流量去分享一些自己不喜歡的東西，找到自己的價值主張很重要。

你想圍繞哪個細分垂直領域建立自己的標籤，就持續在這個領域去輸出內容，不要「三天打魚，兩天曬網」，也不要總是想著出「爆款」，持續輸出比偶爾產出「爆款」更重要。我們要以工匠的心態去做好內容，做到細水長流。我們可以期待好內容的爆發，但是真正的爆發源於我們日復一日的紮實積累。

在選擇自媒體平臺的時候，我們可以有針對性地進行選擇，並根據平臺的推薦算法和特點，創作不同形式的內容。例如知乎以問答為主，那在知乎就要多寫回答；小紅書以圖文形

式推薦好物為主,那在分享內容的時候配圖很重要,帶著推薦思維寫文案也很重要。

> · 行動清單 ·
>
> 制定自己的自媒體營運計畫。

2. 建設社群,提升個人信任度

當你透過自媒體平臺有了第一批粉絲後,為了更好地與粉絲建立連結,就應該吸引粉絲加你的 LINE 或其他通訊方式。你在自媒體平臺透過內容吸引對方,而到了 個人社群平臺(如 IG、Facebook),你就要打造一個真實立體的人設來吸引對方。當對方進入你的社群圈後,你將有更多機會去影響他,所以一定要經營好自己的社群動態或貼文。

我曾經透過經營社群,在 3 個月內獲得了這些成果:三位編輯邀約我寫書四本,這四本書的主題分別是學習方法、閱讀方法、知識視覺化、思維導圖;用一則社群貼文文案吸引了 20

多人前來諮詢，並售出十個單價為 1.8 萬元的成長私教坊名額，變現近 20 萬元；經常有人來我的社群貼文按讚，不錯過我的每一則動態；有人因為我的社群內容有價值，特地將我的微信帳號分享給自己的好朋友；還有人專門寫了一篇文章來介紹我的社群經營；還有我的大學學長、原來的同事因為看了我的動態，來找我做諮詢⋯⋯

我發現每天記錄自己的日常，真誠地分享內容到社群平臺，不僅使自己累積了眾多的信任，也慢慢提升了自己的影響力。影響力提升後，我的產品也被越來越多的人信任。

（1）一個方法讓你愛上發社群貼文。

社群經營如此重要，但很多人卻不愛發文，原因有很多，比如不敢分享、太在意別人的看法、肚子裡「沒料」等等。我之前也很害怕發文，後來我端正了自己的心態，找到了經營社群的目的：記錄生活、提升自己、幫助他人。有了這種心態後，我開始大膽地經營自己的社群平臺。

你還記得去年的今天自己在做什麼嗎？你還記得今年自己做了多少件有意義的事情嗎？你想回憶過去的每一天嗎？你可以找到一些線索來幫助自己回顧今年過得怎麼樣嗎？經營社群動態就可以幫你解決這些問題。可是為什麼要記錄在社群上呢？因為社群的記錄與回顧更有深度和價值，你會從觀眾的角度來做分享與輸出。

一個人想要快速成長，一定要接受外界的回饋，要敢於「展現」自己，也能快速調整自己。如果你只是在別人看不到

的私人空間記錄,就不會得到任何的回饋,那我們的成長速度就會比較慢。這個時代給予個人最好的紅利就是「敢於發聲」,你只要有一技之長並敢於分享,就能被看見。所以,你需要在社群平臺記錄生活,讓自己的成長更好地被他人看見,拉近自己與每個人的距離,享受網路時代的紅利,放大自己的價值。

那麼,發社群貼文可以提升一個人的哪些能力呢?

① **寫作能力**

我經常會在社群動態圍繞某個觀點、某個現象、某個目的寫文章,而為了真誠、清晰地表達自己的觀點,我就會構思這篇文章的結構和風格應該是怎樣的。當你每天站在自己和讀者的角度,在你的社群平臺寫一篇 300～500 字的文章時,你的寫作能力一定會逐漸提升。很多時候,我們學了很多而結果不好的原因是:學得太多,思考得太少,實踐得更少。發社群貼文,有助於我們的思考。

② **產品能力**

我經常會想,要想推銷自己的服務和產品,應該怎麼去挖掘亮點,怎麼透過有吸引力的文案來抓住使用者。所以,我每次在社群平臺做產品介紹的時候,都會仔細揣摩,圍繞大家的痛點、癢點寫一～三條文案。這樣,我的產品能力就獲得了提升。

③ **行銷能力**

帶著「推薦」自己的產品、用文案打動他人的目的去發社群貼文,我的行銷能力在無形中得到了提升。我之前很排斥經

營的各種套路和行銷的各種技巧,但是後來我發現,真正的行銷是利用你的能力優勢和價值觀去影響別人、吸引別人,將行銷做到「無」勝於「有」。

④ 觀察能力。

我的社群平臺有一個能量回顧的欄目,我每天會把今天的回顧整理成幾個觀點發到社群平臺,於是就有很多人來追蹤我的每日回顧。我們每天的生活能量並不是恆定的,有時候一天過得很有激情和意義,有時候一天過得很平淡。對於過得很有意義的一天,我在回顧的時候總是能想起來很多,但是回顧過得很平淡的一天時,總感覺沒有什麼可以寫。

我該怎麼做呢?我開始變得細心起來,刻意地觀察一些小細節,激發一些小靈感,保持對生活的覺察,這樣我每天回顧時就不愁沒有內容可寫,且寫得越來越細緻。

⑤ 輸入能力。

有時候,一天真的沒有什麼可以回顧的,為了發一條有關回顧的社群貼文,我就會強迫自己趕緊讀書。如果你覺得這一天沒有什麼可以記錄的,可能意味著你今天白過了:你沒有產生任何有意義的思考和總結,沒有學到什麼。所以你可以透過輸入來學點東西,透過別人的觀點來促使自己思考,再把自己的思考寫下來,幫助自己回顧。回顧就是複習和盤點,複習你今天接觸到的新事物,盤點你今天的新收穫及做得好和不好的地方。

我的微信裡有幾個小夥伴,他們每天必看我的社群貼文,

經常給我一連串的按讚，簡直就是我社群平臺的「按讚機」。

我特別能理解這樣的行為。剛上大學的時候，我就偷偷地關注了幾個優秀的學姊學長的社群貼文，還有優秀的同齡人的社群貼文。為什麼要關注呢？因為在我情緒失落、能量不高的時候，我會去看他們最近的貼文動態，他們的動態總是能很快使我從低落的情緒中抽離出來，彷彿有一個聲音在告訴我：比你優秀的人都這麼努力，你還在這裡傷春悲秋什麼？想讓自己變得優秀，就從學會快速處理負面情緒開始。於是我又鬥志滿滿地開始學習了。也是從那時候開始，我期待自己也能成為這樣充滿能量的人，給需要我的人傳遞溫暖、帶去陽光。

而現在，我真的成了很多人的「能量棒棒糖」。對於那些經常翻我社群的人，我相信自己的觀點和分享一定給他們帶去了能量。我很喜歡一句話：「人是一切體驗的總和，改變從體驗開始。」你想要什麼樣的人生，就去和什麼樣的人接觸，他們的體驗會感染你，當你被這種體驗感染，那麼改變其實就在慢慢發生。

（2）發社群貼文的四個原則。

如果你把社群當作一個產品，那麼你就是產品經理。產品經理的目的是幫別人解決問題，讓自己的產品變得越來越有價值。我也是把自己的社群當作產品來經營的。以下四個原則，也是我作為產品經理做產品的原則。

① 專欄化經營原則：從多個面向打造自己的人設。

有一段時間，我給自己定了三個內容輸出的方向，它們分

別是成長心法 100 條、如何學習探索筆記 100 條、可視化原則 100 條。

於是我偶爾會在社群貼文更新這三個方向的內容，讓自己的社群整體看起來是一個內容平臺，有固定的三個專欄在更新。

2021 年 11 月，微信更新了一個功能：我們在發貼文的時候可以輸入「#」，然後「#」後面的幾個字就會形成藍色的標籤，發完之後，你點擊標籤就會顯示你剛發的這條貼文（微信朋友圈），以及過去你帶了這個標籤的其他貼文（微信朋友圈）。

看到微信推出這個功能的時候，我內心竊喜，這正好滿足了我對微信朋友圈專欄化經營的期待。於是我開始對貼文（微信朋友圈）的內容進行調整，建立更多的專欄，比如：#成長私教坊、#小小 sha 有約、#邏輯結構思維營、#圖卡說、#成長心法、#禮物說、#複盤才能翻盤呀、#能量棒棒糖、#一起讀書呀、#思維導圖營等等。

點擊任意一個標籤都可以跳轉到相應專欄，這些專欄組成了一個立體的我，能夠使我的朋友知道我的價值觀，看見我的成長，了解我的產品、服務和生活。

後來我發現，這個功能還能連結非好友，只要大家輸入同樣的標籤，點擊標籤就可以看到其他人發的內容。這個功能讓我們看到了平臺支持大家去輸出個性化、專欄化的內容，就像官方首頁的那句標語：再小的個體，也有自己的品牌。人人都是創作者，會表達、會創作就是這個時代給大家的紅利，而這

個功能的出現，讓每個人的創作更容易被看見。

② **系列化輸出原則：專業、專注、用心。**

為什麼貼文（微信朋友圈）一定要進行系列化經營呢？因為系列化能夠展現你的專業度、專注度和用心程度。

那麼，什麼是系列化呢？例如，我的微信朋友圈中，欄目標籤後面會附上數字：# 小小 sha 有約 33、# 成長心法 55/100、# 圖卡說 28 等等。

這樣做的好處有很多：

如果你能持續圍繞某一部分持續輸出內容，便能展現出你的專業形象；

如果有某條內容觸動了某個人，他一看這是第 18 條，便會被吸引去查看前面的 17 條內容，並且會追蹤你的這個系列；

如果有人新加你為微信好友，當他進入你的微信朋友圈時，就能知道你輸出的內容是一系列的，他也會更容易閱讀你過去發佈的內容。

圍繞某個主題輸出系列內容，能夠降低你的創作難度，幫助你在碎片化的時間裡快速建立某個領域的知識體系。如果你想要圍繞這個領域輸出稍微專業一些的內容，只要將這個系列的內容重新按照某個框架組合就好了。

③ **有料原則：分享價值，幫助他人解決問題。**

接下來，大家可能會問：輸出什麼呢？其實很簡單，分享

你覺得有價值的東西，覺得可以幫助他人解決問題的內容。

這樣你的貼文（微信朋友圈）就會越來越有價值。有料原則即基於你會什麼、你有什麼、你擅長什麼、你在學什麼來輸出。

我會以「思維導圖＋知識圖卡＋個人成長＋知識萃取」的形式進行輸出，採用這種形式的目的是，對內是及時沉澱、萃取自己的經驗，對外是體現我的專業性，同時分享一些能解決大家問題的方法。

根據以上內容，我設置的欄目有以下幾個。

＃圖卡說：體現我的專業性，同時分享圖卡的知識點。
＃複盤才能翻盤呀：傳遞我的價值觀，記錄自己的成長，給他人傳遞能量。
＃磨課小花絮：體現我的專注度及打磨產品的用心程度，建立口碑，並且有效解答大家對課程的疑問。
＃成長心法：記錄自己的成長，把自己的成長經驗分享給大家。
＃可視化原則：把自己對於可視化的理解分享給大家。

分享你會的東西，既不是「曬」，也不是「秀」，而是沉澱知識，同時用自己擅長的東西去幫助他人。而圍繞自己在學的東西，我也建立了以下這些欄目。

#一起讀書呀：分享讀書內容，同時分享閱讀方法與筆記。

#日簽：讓自己每日都有最小輸入，同時給大家傳遞能量。

#能量充電站：記錄自己每一次線下學習的經歷，並且分享自己的收穫，讓別人也有收穫。

#如何學習探索筆記：分享能夠幫助自己和他人提升學習效率的知識點。

分享你學習的東西不是「曬」，而是萃取出對他人有幫助的知識點，帶他人一起成長，這樣還能為自己樹立起一種積極主動、愛學習的形象。

④ **有溫度原則：積極陽光，傳遞能量。**

我們每個人除了學習、工作之外，其實還有生活。所以你還要為你的生活騰出一些空間，讓大家看到學習和工作之外的你，對你更了解，從而讓你與大家的距離更近。

圍繞這個原則，我有以下欄目。

#能量棒棒糖：及時記錄大家給我的正向反饋並對他們表示感謝，感謝他們給我能量。當我把大家的反饋記錄在微信朋友圈的時候，他們可能也會有榮譽感，意識到這樣的反饋給了我很多能量，從而會更願意給我反饋。

#圖言卡語・人物說：主要分享團隊中優秀的小夥伴的個人品牌小故事，其實這也是在分享工作友誼，並且能夠幫助對方提升影響力。

#生活記：主要分享生活裡一些有趣好玩的小故事，讓大家看到我真實生活的一面。

#禮物說：給自己收到和贈給他人的禮物寫一個小故事，賦予這份禮物意義與儀式感，這也是精緻生活的一種體現。

當然，如果發微信朋友圈時需要展示對方的頭像和暱稱，應徵求對方的同意。最後，生活中還有很多精采的瞬間可能無法歸類，只是偶爾發生，但也值得你記錄下來。總而言之，有溫度的內容，應做到真誠而不官方，溫暖而不做作。一定要記錄真實發生的事情，不要為了記錄而記錄。是否用心，是否真誠，別人一定可以從你的文字中感受出來。

（3）三個技巧讓微信朋友圈更好看。

一方面，微信朋友圈要有乾貨；另一方面，我們還要讓微信朋友圈好看，這樣別人每次看到你的動態時，才會有種眼前一亮的感覺。為此，我向你分享三個技巧。

① **添加圖片、表情。**

即使是發布純文字內容，也要記得配上好看的圖片，能圖文結合就更好了。

比如我的「#複盤才能翻盤呀」欄目，每天晚上我發布內容時都會配一張我喜歡的圖片。這樣做可能使大家因為看到圖片而對我的文字感興趣。此外，好看的圖片總是能起到治癒的作用，即使對方沒有看文字，看圖也能幫助他放鬆心情。除了配圖，你還可以在文字中添加一些表情，以增加趣味性。

② **有自己的個人風格。**

之前我請了一位銷售顧問,他會優化我和學員們溝通的話術,他要求我營造一種高冷的感覺。這讓我有些不舒服,因為我覺得我一直想要建立的人設是溫暖有力量的,高冷不是我的風格。所以我最後還是決定用自己喜歡的語氣去和學員溝通,並且獲得了不錯的效果。

這裡有一個非常重要的點:你想在對方心中樹立一個什麼樣的人物形象,就要圍繞這個人物形象,打造與之相吻合的風格。不要讓貼文(微信朋友圈)呈現出來的你與真實的你相差太多,不要構建出一個虛假的人設。更重要的是,發文要以自己舒服為前提,如果自己看了都不舒服,別人看了也會覺得彆扭。

③ **優化排版,結構化寫作。**

每個人都喜歡美的東西,所以微信朋友圈也應該有好的排版。很多人發微信朋友圈,就是一口氣寫完,不會空行,不會分段,於是整段文字非常擁擠,讓人產生視覺疲勞,別人自然沒有閱讀的興趣。那麼如何優化微信朋友圈的排版呢?

在內容上你可以採用結構化寫作的方式,對於任何一篇文章,你都應該有自己的框架。

例如,寫知識點分享的時候,我經常用的結構是「知識描述+經歷聯想+行動啟發」;寫語音溝通回顧檢視的時候,我經常用的結構是「人物介紹+我的感受+心得分享」。

如果你不會結構化寫作,那麼你可以把自己的想法分點列出來,以建立清單式的結構。

排版上，多分段、多空行，盡量避免文字擁擠，同時一定要記得防止文字過長，內容被系統自動收起來，因為一旦文字被收合就增加了大家的閱讀難度。

在注意力稀缺的時代，降低了使用者的體驗感，就降低了內容的傳播性。

在中國，比起其他平臺，微信朋友圈是大家離你最近的平臺。把微信朋友圈經營好，獲得他人的信任，那麼與他人成交、獲得別人的幫助都會變成一件很自然的事。當你把微信朋友圈經營好，建立起你的影響力，未來你做任何事，會更容易獲得支持。

・行動清單・

給自己制訂一個目標，每天發幾條貼文。

3.「混」社群，持續提供高價值

社群是人群的聚合地，參加幾個感興趣的社群，並且嘗試成為社群的 KOL（Key Opinion Leader，關鍵意見領袖），有助

於積攢粉絲，建立自己的影響力。如何「混」社群呢？

下面教你準備幾個技巧，來精準吸引粉絲。

（1）從 7 個方面準備自我介紹。

加入社群的時候，第一時間做一個完整的自我介紹，可以給他人留下良好的第一印象。所以你可以精心打磨一個自我介紹，讓你在任何社群都能出場就「閃閃發光」。自我介紹可以從以下七個方面來準備。

① **有資訊**。

標籤指的是一些基礎資訊，比如你的暱稱、城市、畢業學校等，這些資訊主要是為了吸引跟你在家鄉、學校方面有交集的人來關注你。此外，標籤可以讓大家直觀地知道你是從事哪方面工作的，或者有哪些身分背景。

標籤可以是別人給的，也可以是自己給的。別人給的標籤可以是你現在的公司給你的，比如我的標籤是圖言卡語創始人；也可以是你在某個社群，被公認了的某個角色、身分、頭銜，比如我的標籤有筆記俠知識卡片分舵主；還可以是你獲得的某個組織授予你的某個榮譽，比如高維學堂曾授予我的可視化圖解導師。

關於自己給的標籤，可以看看自己在某個領域做了哪些事，做這些事有沒有數據積累，有沒有成果展現，堅持了多長時間。只要有數據積累或成果展現，你就可以給自己定義一個標籤。例如，你在原來的行業領域工作了很多年，比如你做了 10 年招聘，那你可以給自己一個資深招聘官的標籤；你寫作 3 年，創

作了300多篇文章,那你可以給自己一個寫作達人的標籤。

你減肥半年,成功減重10公斤,那你可以給自己一個減肥挑戰成功者的標籤;你每年閱讀100本書,使5000多人愛上閱讀,那你可以給自己一個閱讀教練的標籤。

② 有金句。

你可以在自我介紹中設計一句自己的人生格言,來凸顯自己的價值觀。這句人生格言可以是激勵自己的金句,也可以是用來提醒自己的行動指南。金句的呈現可以讓你的自我介紹更有力量。

③ 有成就。

你可以在自我介紹中梳理自己的成就事件。成就事件除了指大多數人無法做到的事情,還可以是一次成功的小挑戰、人生的一些小突破,成就不在大小,而在於它的意義與價值。

④ 有價值。

自我介紹可以明確表明你可以提供的價值和服務,例如你可以幫助他人解決某類問題;當他人遇到什麼問題的時候,你可以提供哪些資源;你有哪些產品;等等。

⑤ 有背書。

在自我介紹中展現你的合作企業、合作平臺,以及一些正面評價、相關榮譽,容易讓他人更信任你,更容易認可你的價值。

⑥ 有聯絡方式。

可以在自我介紹中留下自己的聯絡方式,方便他人關注自己的自媒體帳號,看到相關作品。

⑦ 有「誘因」。

為了吸引他人主動加你為微信或社群好友，你可以準備一份有吸引力的電子資料，告訴社群夥伴加你好友後你會將該資料送給對方。

（2）用三個步驟準備好你的分享稿。

在社群中，要想獲得大家的認可，可以先打磨一篇自己的分享稿，來和他人建立連結。這篇分享稿可以從以下三個步驟來準備。

① 確定主題。

如果你的專業是大多數人都感興趣的，那你可以直接分享你的專業知識，直接教乾貨，透過幫助大家解決問題、提供價值來吸引大家。如果你的專業是比較冷門的，可能只有少部分人感興趣，那麼你可以選擇自己在專業道路上的一些成長故事，提煉一些通用的成長方法分享給大家，也可以選擇一些通用的、大家都感興趣的，並且又能體現你成績的內容。在這個部分，可以盡可能多地列幾個主題，為每個主題都設計一個架構，看看哪個主題可講的內容比較豐富，再確定主題。

② 充實內容。

確定好主題後，就需要設計分享的架構。常見的架構是提出痛點、分享成果、講故事、給方法、提供工具、舉案例、做總結、下行動指令。架構設計好後，再圍繞架構來整合素材。為了在分享的時候有素材可以利用，平時養成反思與記錄人生故事的習慣也很重要。

你可以挖掘大家的一些痛點，引起大家的共鳴，讓大家有一種強烈的想要找到解決方案的想法，這樣就很容易吸引大家的注意。你也可以描述自己遇到的一個挑戰，並為自己如何應對挑戰設置懸念，吸引大家來聽。

痛點介紹完，你可以直接給結果，透過問題和結果的巨大落差來吸引大家的關注，從而讓大家更加想要聽你講故事，想要了解你是如何一步步實現目標的。

接著講故事，介紹你是如何一步步找到問題的解決方案，從而取得這個結果的，這個過程中又遇到了哪些困難和挑戰，總結出了什麼方法。

方法的描述可以分步驟進行，搭配工具和案例。工具最好是一些大家拿來就可以使用的表單、範本，這樣會讓大家覺得更有收穫。

最後，為整場分享做總結，提出具體的行動呼籲，號召大家一起行動。

在整個分享過程中，你可以設計一些金句及互動環節，這樣會讓整場分享變得更加有氛圍、有力量。

③ **進行分享**。

正式分享前，最好寫出逐字稿，這樣這篇分享稿就慢慢趨於標準化了，並且可以被一遍遍地打磨優化。逐字稿確定好後，可以製作相應的 PPT 或圖片，作為輔助性的視覺資料。

一場高品質的分享，可以有效連結需要你的人、與你頻率相同的人，所以你一旦獲得了一次分享機會，就應該把握這個

機會,好好分享和連結。

(3)「混」社群的其他技巧。

除了準備好自我介紹和精心打磨分享稿,你還可以做以下幾件小事,幫助自己在社群中更好地與他人建立連結。

① **成為服務人員。**

你可以參加社群的營運活動,扮演一些具體的角色,為他人提供服務。當你真誠地為他人提供服務的時候,你也會更好地被他人看見。如果沒有相關的角色,你可以成為一名社群志工,比如成為某內容記錄小幫手、內容小編,自願幫助群主做一些有助於社群健康發展和營運、提升社群成員參與感的事情。這樣會讓大家注意到你,對你產生信任。

② **積極響應活動。**

你可以積極地響應社群裡的活動,尤其是群主發起話題討論和共創式任務的時候,帶頭參與能更好地被群主看見。當你在一些活動中成為示範與標竿,你不但會被群主看見,也會被其他人看見。

· 行動清單 ·

打磨自己的自我介紹。

3　連結力：如何與貴人保持穩定聯繫

當你沉下心來出作品，並主動分享出去，就會有一些人來關注你、連結你。但我們在成長的過程中，還需要主動去連結他人，比如我們的老師、欣賞的「大咖」等。那該如何和他們產生連結、保持聯繫呢？下面分享三個方法。

1. 專業，是最好的社交工具

在個人成長的過程中，連結到能給你帶來幫助的貴人很重要。那我們應如何去向上連結比你能量層級高的人，讓對方願意幫助你，甚至與你建立合作關係呢？非常重要的一點就是用好你的專業技能。

曾經有位朋友和我分享了一個這樣的故事。他很喜歡一位演講教練，在參加這位演講教練舉行的某場活動的時候，他拿著自己的相機在活動現場拍照。為了有更好的拍攝角度，他會單膝跪地仰拍，這種投入度讓人覺得他很敬業。

活動結束的時候，他把拍到的好照片進行了處理，然後發給那位演講教練，馬上便獲得了那位演講教練的回應。

後來一次偶然的機會，演講教練又要舉辦一場活動時，馬上就想到了我的這位朋友，還邀請他一起來策劃。在那一場活動中，他認識了很多後來對他有幫助的人。

我的這位朋友用自己的攝影技能獲得了與貴人近距離接觸和學習的機會，詮釋了專業技能就是最好的連結方式。而我也想到自己這 2 年，透過心智圖和知識圖卡這兩項專業技能，為自己創造了很多機會。

2019 年，我在「得到 App」上做了一套孤獨大腦公眾號主理人老喻的課程——「老喻的人生演算法課」的知識圖卡。我把每一講都做成了知識圖卡，然後分享到微博和微信朋友圈，後來這些內容被老喻本人看到了，他也開始轉發。一段時間後，我獲得了與老喻創立的「未來春藤家長學院」合作的機會，為他們的一些課程製作知識圖卡。除了與老喻建立連結，我還用自己的思維導圖、知識圖卡連結到了很多貴人，比如方軍老師、秋葉老師等。

如果我們想結交貴人，最重要的一點是提升自己，找到自己可以為他人提供的核心價值點。

在這個過程中，你可能會遇到兩個方面的障礙：一是你覺得自己與貴人身分懸殊，自己很弱小、很自卑，不敢去接近對方；二是你覺得自己沒有拿得出手的技能，覺得自己對貴人來說沒有什麼價值，所以不敢靠近對方。

關於第一個方面，人與人之間不應該是一種高低關係，應該是一種合作關係，而這種合作並不只是金錢和資源上的合

作，還包括情感上的共鳴與陪伴。所以，你真誠地去反饋，真誠地去分享你的感受，真誠地去關心對方，這都能使你與對方產生連結。

關於第二個方面，你可以梳理自己有哪些技能，這些技能可以在什麼時間、以什麼方式派上用場。即使你無法梳理出自己的技能，也沒關係，這說明你當前最重要的任務是提升自己，讓自己練出一項拿得出手的技能。什麼技能都沒有的時候，你可以購買他人的服務，以獲得向他人近距離學習的機會，這也是一種靠近他人的方式。

・行動清單・

嘗試用你的技能去連結一位貴人。

2. 感恩，讓彼此的關係可持續

離開職場開始創業後，我的內心經常會浮現出兩個字：感恩。

2019 年，憑著一腔熱血和勇氣，在職場工作 2 年多的我開始創業。剛離開職場的時候，我之前的同事非常關心我。我一個人在深圳，沒有了經濟來源，房租也是一筆很大的開銷，她問我要不要把她閒置的住處讓出來給我，我的感動無以言表。

剛創業的時候，我什麼都不懂，對於產品、營運、行銷根本沒有概念。後來，我在筆記俠遇到了張文龍老師，他特別關注我，主動詢問我的情況，給了我很多幫助和建議。每次遇到問題的時候，我都會傳私訊給他，他看到後都會像對待自己的事業一樣，非常細緻地指導我，而我每次被他指導的時候，都會特別感動。

後來，我招募了第一位和第二位線上團隊成員——阿濤和咩咩，他們都給了我很多的信任和支持。在我們孵化和籌備訓練營的過程中，我們甚至偶爾會通電話溝通一些工作事項直到凌晨。

我發現，當我為夢想負重前行的時候，很多人都在不求回報地默默幫助我，使我非常感動。所以在那時，我每天都會產生很多個感恩的時刻，在睡覺之前，我經常會發一則動態——內容只有一個愛心表情，代表著我感恩今天幫助我的所有人。

能彼此扶持走得很遠的人，都是懂得感恩的人。在我的團隊中，我感恩對方的信任和支持，對方感恩我創造的這樣一個平臺。最好的關係一定是雙向付出，最長遠的關係也一定是彼此懂得感恩的，無論是與親人、與團隊成員，還是與使用者，都是如此。

那麼到底該如何去表達你的感恩呢？

對於曾經給你提供幫助的老師，你可以在重要的節日傳訊息給他，說一段非常真誠的話來表達感恩。這段話的主要結構是：在什麼時候，他做了什麼事情，給你提供了什麼幫助，因此你非常感謝他，在某個節日裡對他表達祝福。

對於老師而言，你還有一種非常重要的表達感恩的方式，那就是分享你的成功與收穫。每次我在自己的事業上獲得進步的時候，我都會想到老師對我的影響和幫助，並即時向他分享好消息，感恩他當時的指導和支持。

如果是專案中的夥伴，每次專案結束後，你可以有針對性地給每一位成員傳達一段感謝的話，肯定他的付出，讚美他優秀的地方，真誠地表達感恩。

總而言之，感恩需要真誠，而不應流於形式。除了在關鍵時刻表達感恩之外，平時也可以多關注對方的社群動態，在重要時刻為對方提供力所能及的幫助。

除了平時的文字表達，你還可以在特殊的節日為他們準備一些特別的禮物。禮物一定要用心挑選，可以是對方特別需要的，也可以是特別有意義的。

我有一個學員，她每次來見我都會帶一束鮮花，還會準備一些特別的禮物及手寫賀卡。

有一次，她送給我一幅很大的向日葵拼圖，她花了一個晚上將其拼好並裝裱起來。當時我覺得特別感動，因為我很喜歡向日葵，她也為我付出了時間。

把「謝謝」兩字掛在嘴邊，適時地向幫助過你的人表達感恩，你就能遇見更多願意幫助你的人。

> ・行動清單・
>
> 對一位導師表達你的感恩。

3. 讚美，成為一個受歡迎的人

把「讚美」掛在嘴邊，去發現別人的特別之處，會讓你成為一個受歡迎的人。你如果希望被看見，並且想讓自己更好地被看見，就要嘗試先主動去看見他人，看見他人的特別之處，並毫不吝嗇地給予讚美。

學會讚美，能夠讓你在向上建立連結的時候更加容易。在工作中，如果你有讚美的習慣，也能更容易獲得他人的歡迎。那麼，要怎麼發現他人的特別之處呢？

首先，你需要有一雙善於發現美的眼睛。其次，你要有歸零的心態，才能看見他人的好。如果你總是自滿，而沒有歸零

的心態，自然就看不見其他人，更看不到其他人的優點了。你要充滿好奇心，去發現每個人的特別之處。具體來說，就是要細心地去做比較，例如我們在訓練營的助教講評工作中，會引導大家從以下幾個面向去發現他人的特別之處。

看形式：大多數人用文字交作業，某位同學用了音檔、影片或圖片來完成作業，就會讓人眼前一亮。

看內容：別人都是泛泛而談，而某位同學寫了故事、想到其他的案例、延伸出更多的知識，這也是一種特別之處。

看篇幅：在作業區，你可能會看到有些人寫了大量的內容，這類同學非常用心，願意花時間投入。

看溫度：有些同學的作業中會出現一些感人的故事、優美的句子，你能透過文字感受到對方的存在。

發現了對方的特別之處後，要如何發自內心地讚美對方呢？

下面提供一些讚美的祕訣，以下幾個例子中，A是一般說法，B則是更有溫度的說法。

① 讚美要具體，描述細節與獨特之處。

A：你今天的作業寫得太棒了。

B：你今天的作業寫得太棒了。你的故事很感人，看完之後，我想起自己大學時每天早出晚歸努力念書的日子，真的很受鼓舞。

② **描述感受，說明對方對自己的影響，帶來的幫助等。**

A：寫得真好。

B：寫得真好，我原本看不太懂這一段，但看了你的作業後，我懂了很多，真的很感謝你，幫我解開了不少疑惑。

③ **語氣要有能量。**

A：很好。

B：這也太棒了吧，寫得太好了⋯⋯

在線上溝通與交流的時候，一個人透過文字傳達出的情緒非常重要。為了讓對方能從文字中感受到你的能量，你可以加入一些語氣詞，讓表達不那麼生硬。

此外，拿著手機、看著螢幕時，我們彼此之間好像隔著十萬八千里，看不到對方的表情，也感受不到對方的情緒。那麼，我們要怎麼讓自己的文字讀起來不那麼冰冷，讓對方真切感受到你發自內心的讚美呢？

透過文字讚美別人時，文字的格式也很重要。適當地分行分段，會讓對方讀起來更舒服；再加上一些表情符號，會讓你的讚美更有溫度、更立體，也能拉近你和對方的距離。

最後教你一個萬用的讚美公式：

一句話稱讚＋你發現了什麼（肯定對方的行為、細節、特質）＋你的感受（帶來的啟發、影響、幫助）

例子：

我好喜歡看你的作業呀，因為你每次的作業都有故事分享，還有很多金句，讓我產生了很多共鳴，真的很鼓舞我！讓

我充滿了能量。

・行動清單・

向一位夥伴表達你的讚美。

5

變現力　知識能力產品化

有了自己熱愛的事情，也有了自己的影響力，如何將自己的價值包裝成產品呢？我會在這一章和你分享自己用 3 年時間，做了 60 多期付費訓練營、40 多期陪伴式訓練營所收穫的經驗。

1　產品力：如何做出有生命力的產品

很多人有了個人影響力之後,就開始思考怎麼變現,而變現的前提是要有過硬的產品。先打磨出好產品,再提供好服務、做好交付,變現就是水到渠成的事情。

而要讓產品有生命力、能夠長期經營,就一定要具備四種思維:使用者思維、迭代思維、聚焦思維、調整思維。

1. 使用者思維,把問題當成需求

產品是為了解決某一類人在特定情境下遇到的某一類問題。在做產品的初期,你要問自己以下三個問題:

你的使用者是誰?
他們在什麼樣的情境下會遇到哪些問題?
你要怎麼幫助他們解決這些問題?

(1) 在產品打磨期形成使用者思維

我剛開始設計課程時,沒有搞清楚這些問題的答案,所以

第一次做知識產品時非常坎坷。我在設計第一期訓練營產品的時候，犯了一個嚴重的錯誤：高估了學員的學習能力，誤判了學員的需求點。

首先，我高估了學員的學習能力。我原本打算開發一門課程，讓大家在 7 天內讀完一本書，並完成一本書的思維導圖與知識圖卡。但這對多數人來說實在太困難了，因為大多數人無法在 7 天內讀完一本書，而且也不熟悉思維導圖軟體的使用。這意味著，在這 7 天內，我要帶大家學軟體、讀書、還要做知識萃取。我嘗試在 7 天內，把我過去 2 年累積的能力全部教給學員。這個想法雖然很大膽，還好當時被團隊其他成員否決了，不然後果不堪設想。

其次，在正式推出第一期訓練營產品時，我誤判了學員的需求。我以為學員最想學的是如何萃取書籍內容做成思維導圖，而不是工具操作，所以我在課程設計上主要講「思維」與「方法」，完全沒提到工具怎麼用。結果在課程交付過程中，學員一直在問工具怎麼操作、筆記怎麼畫。最後我只好把這些真正需要的內容放到「加開課」裡，結果加開課的觀看率比正課還高，所以那期我一直忙著補課，整個交付下來，感覺特別累。

後來，為了解決這些問題，我們做了兩件事：一是做課程調查，二是招募志工進行磨課。

每次訓練營開營前，我們都會請學員填一份課前問卷，了解他們的職業背景、報名來源、學習目的、應用場景、期望成果，以及最想學的內容。這樣我們就可以得到一份當期學員的

需求清單，針對熱門需求重點設計課程內容。

除了調查，我們在開發新課時還成立了「磨課志工小組」，招募並篩選對新課有興趣的人，成立群組，在群內討論課程大綱、名稱、定價、難度、適合族群等等。這樣不僅提前了解了市場需求，也為後續招生打下基礎，因為參加磨課小組的人，很可能就是第一批報名的學員。

這就是產品開發初期「使用者思維」的實踐。我們透過問卷與志工小組，精準掌握需求，並根據需求優化課程產品。

（2）在產品交付期形成使用者思維

產品交付期，我們也有一些符合使用者思維的設計。我設計課程的時候，經常會收到學員這樣的回饋：「莎莎老師，你的課程設計得太棒了，邏輯很清晰，循序漸進，好學易懂。」每次看到這樣的評價，我都會很開心。在做產品交付的時候，我會盡可能多花些時間，精心設計邏輯線。

如果你的課程邏輯是混亂的，學員學起來就會很困難；如果你的課程邏輯是嚴謹、條理清晰的，學員學起來就會相對比較容易。自己在課程打磨期痛苦一些，學員學起來就輕鬆一些。所以，你要多站在學員的視角，從學員當前的程度去設計課程邏輯。不應以高高在上的姿態來設計課程，而應把自己還原成學員，挖掘學員在進階路上遇到的每一個問題，針對每一個問題做原因分析、問題診斷，然後給思路、給方法、給案例、給工具、給示範。

（3）在產品售後期形成使用者思維

有一次，一位多次參加複訓的學員給了我們一個建議，他說：「莎莎老師，我們每次跟著訓練營學習時，都學得很起勁，可是一旦結束，就沒人帶著我們練習，也沒有學習氛圍，很容易鬆懈。希望可以在訓練營結束後，增加一個打卡活動，例如一起連續打卡 21 天或 100 天。」

我們立刻採納了這個建議。從那以後，每次訓練營結束後，我們就不定期舉辦「21 天圖卡共修活動」，也就是連續 21 天每天畫一張圖卡。這個活動有專人營運與督導，還有「補充課」講評等服務。到目前為止，我們已經做了快 20 期，許多學員覺得這個售後服務超級棒，甚至因此真正養成了每天畫思維導圖和知識圖卡的習慣。

· 行動清單 ·

站在使用者視角，構思你的產品。

2. 迭代思維，保持空杯心態

優秀的產品人總是對自己的產品精益求精，使自己的產品不斷優化。他們不求快速爆發，只求產品能越來越完美。但在這種完美主義的影響下，我們可能也會無法邁出第一步。

（1）有精益求精的精神，但不必等到完美再出發。

第一次做產品時，我畏首畏尾，不夠自信，不敢大膽地推薦自己的產品。後來《精實創業：用小實驗玩出大事業》這本書給了我非常大的啟發：小步慢跑，快速調整，不必完美了再開始，而是開始了才會越來越趨近於完美。

這本書提到了一個核心概念：精實創業。它指的是用低成本、小批量的方式打磨出一個最小可行產品，然後放到市場上去做價值驗證，看看有沒有人願意為你買單，再做成長假設，看有沒有更多人願意為你付費和推廣。

所以，我開始嘗試去做自己的第一個社群，這個社群的門檻很低，學員只需要填寫問卷，經過我的審核，就可以加入。我在這個社群裡做分享、布置作業、講評作業，這個社群用 1 個月不到的時間就有了 160 多人，而且他們的活躍度很高，參與度也很高。於是，這個社群就成了我的一個價值驗證產品，讓我累積了自信，為我正式做第一個訓練營產品做了鋪墊。

在開始正式做第一個訓練營產品的時候，我的老師給我分享了一句話：用心過後，凡有不足，皆為墊腳石。

我是這樣理解這句話的：只要你的產品能滿足學員的核心

需求，並且你盡自己最大的努力用心呈現了，那你在其他方面的不足，都會成為你的墊腳石，讓你變得越來越好。

所以，當我透過社群的方式做了價值驗證後，我開始大膽地去設計自己的訓練營產品，帶著一顆赤誠之心，毫無保留地去進行教學呈現，帶著喜悅的心情去回答學員在這個過程中提出的任何與課程相關的問題。

在第一期訓練營交付後，我們的訓練營得到了學員 9 分以上的評價，這說明我們的服務非常專業。

雖然在這次訓練營產品設計中，我們也遇到了很多問題，比如課程的需求契合度不足、營運方面的一些細節流程不夠完善等，但是我們再也不怕了，而是想著下一期如何做得更好。

（2）在過程中打磨優化，才能慢慢趨近於完美。

有了做第一期訓練營的經驗，我們對產品的打磨也越來越有自信，開始快速優化自己的產品。

訓練營的前四期，我們每一期都安排了直播，每一期的課程內容都調整了 30% 以上。在優化的過程中，我閱讀了大量與課程開發有關的書籍，同時不斷接受學員的評價和回饋。調整四次後，我們完成了一版標準的影片錄製課程。在後來每一年，我們依然會在那版標準的影片課程基礎上再做優化，增加一些新的內容和案例。在優化的過程中，最難的就是保持歸零的心態，重新設計部分內容，在一遍遍的調整中，鍛鍊自己的專業能力。

與此同時，我們在營運方面的服務模式也不斷優化。在產

品呈現的過程中,可能知識還是那些知識,但將知識以一種有趣的方式分享給學員,讓學員在吸收和理解知識的過程中覺得輕鬆、好玩,變得越來越重要。

所以,課程可以不變,但是課程之外的營運服務永遠都要升級。我們的營運在人員配置、遊戲玩法,以及 1 對 1 的督學、答疑和講評服務上,一直在升級優化,讓學員對學習保持新鮮感,沉浸在一種熱鬧、溫暖的社群氛圍裡,從而進一步激發大家的學習熱情。

· 行動清單 ·

思考你現有的產品或者你構思好的產品,還可以做哪些優化。

3. 聚焦思維,專注才有穿透力

曾經,一位學員找我做諮詢,她想將寫作當作自己的個人品牌方向。雖然她書評、美食文章、影評、散文都寫,但都寫得不太好,問我怎樣才能靠寫作變現。

其實這個學員最大的問題就是不聚焦，在寫作這個領域，沒有強化自己的風格和特點，沒有找到某一種文章持續練習與投入，沒有寫出成績，她在各個方面都處於淺嘗輒止的狀態，沒有積累，價值不突出，自然就很難變現。

另一位學員一開始開寫作課，但寫作課才開了一期就去開個人成長課，沒過多久又去做其他事情了，於是他在學員心中的標籤和定位就一直在變，沒有沉澱。很多人走著走著就走偏了，忘了來時的路。那些一直在專業領域堅持的人，很有可能後來就變成了領域老大，因為他們做的練習夠多，積累的經驗也夠多，他們持續在用戶心中植入自己的核心業務和服務，於是在長時間的積累下，專業成為他們的護城河。

（1）找到你的核心業務，不斷推廣傳播。

我從 2019 年 5 月開始做思維導圖訓練營和知識圖卡訓練營，這兩個訓練營分別做了 18 期和 20 期。後來，在這兩個訓練營的基礎上，我疊加了邏輯結構思考力訓練營，做了 8 期。這三個訓練營都是為圖言卡語的品牌使命「讓思維被看見，讓學習更好玩，讓知識更易懂」服務的。我們只是想著如何將這三個訓練營做得更好，做得更有影響力，即使招生人數不理想，我們也堅持做，因為這就是我們長期要做的事。很多學員說，好喜歡你們的團隊，期待你們開發更多的產品，比如閱讀訓練營、PPT 訓練營等。

但在創建品牌的初期，我就深知聚焦的重要性，想要構建品牌，就要保持聚焦，把核心產品賣給更多人，從而在更多人

心中建立「學思維導圖和知識圖卡,就找圖言卡語」的理念。

所以在創業的前 3 年,我們小步慢跑、別無二心,專注地做著三個訓練營,於是每一期的訓練營中,都有 30% 左右的學員是轉介紹而來。

(2)縱向搭建產品矩陣,而不是橫向搭建。

保持聚焦的同時,我們依然在搭建自己的產品矩陣。但是這個產品矩陣的根是你的專業,你不能做很多與專業無關的產品,不能做很多互不相關的產品,也不要做很多功能相同但是型號不同的產品。

在這個方面,我們也吃過一些虧。比如我們之前做訓練營的時候,做了一個 7 天的訓練營和一個 21 天的訓練營,二者都是知識圖卡訓練營,我們本來想把 7 天的作為體驗營,但是大家參加了 7 天訓練營後都不報名參加 21 天訓練營了,所以這個產品矩陣就是有問題的,在用戶體驗感上沒有拉開差距,同時兩個產品的功能屬性也一樣。

後來,我們做了一個 21 天的知識圖卡營和 56 天的商業圖卡訓練營,這兩個產品的功能屬性就不一樣了:21 天知識圖卡營的是新手營,重在使學員學會做學習筆記;而 56 天的商業圖卡訓練營,旨在使學員學完後可以成為知識設計師,能夠往接單方向發展,可以直接變現。因此,從 21 天訓練營到 56 天訓練營的階梯設置就比較合理。

總結一下,圍繞你的專業能力,你在搭建產品矩陣的時候,應縱向搭建,而不是橫向搭建。縱向搭建是指做出初級、

中級、高級各個梯度的產品,各級產品的功能屬性是不一樣的,這樣產品才會形成一個「漏斗」,一部分學員可以從初級產品「漏」到中級和高級產品。而橫向搭建就是拓展出不同型號的產品,但其功能屬性沒有明顯區分,這樣反而會增加用戶的選擇難度。

人的時間精力是有限的,我們能把一件事做好就已經很不容易了。如果總是想著在一段時間內做很多事情,並且做每件事都不能堅持的話,那每件事都會做不好。

我對於聚焦的理解是:一個人要在一個時間段內聚焦一個產品,把它做好;一個產品也要在一個時間段內聚焦一個標籤,把這個標籤立住;你應聚焦要做的那件事,持續地做,直到讓所有人都知道,你將這件事做得好,很厲害。

聚焦,才有穿透力;基本功打好了,才能幹大事。

・行動清單・

思考如何讓你的產品更聚焦。

4. 調整思維

我們在設計產品時，還要擁有的是「調整思維」。產品類型不是一成不變的，我們要根據不同階段的主要矛盾及時調整。那如何開始設計自己的第一個產品呢？首先要明確你當下適合的產品類型。根據營運難度和課程難度，我梳理了幾種常見的知識產品類型，如圖 5-1 所示。

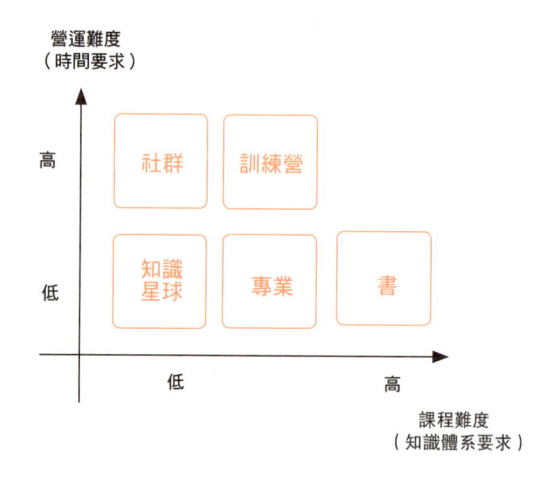

圖 5-1 常見的知識產品類型

（1）知識星球：營運難度低，課程難度低。

知識星球是一款 App，其定位是連結你的 1000 個鐵粉。如果你是從 0 到 1 做知識產品，我建議你可以將知識星球作為自己第一個產品的產品類型。它不需要你花太多的營運時間，只

需要你持續不斷地輸出，輸出的內容不需要非常系統。

只要求你始終圍繞主題展開，為用戶提供價值。

知識星球是你在學習階段就可以嘗試的一種知識產品類型，比如你可以圍繞一個學習主題，從以下幾個方面來計劃輸出。

① **輸入階段：** 做專業知識的學習心得分享。
② **內化階段：** 分享你的實踐回顧檢討，以驗證所學、所思、所想為主。
③ **輸出階段：** 輸出實踐文章、經驗總結、回顧檢討與思考，以將所學和所運用的知識進行重構分享為主。

輸入、內化、輸出階段的產出物，都可以成為你對外傳播和分享的作品。如果你的輸出節奏比較穩定，你有一定的內容存貨，也圍繞主題構建好了知識星球的內容欄目，有了一小波粉絲，你就可以嘗試開通知識星球，將其作為自己的第一個知識產品類型。

值得注意的是，知識星球賣的是你的內容，一旦你開通知識星球，且開始對外收費，請務必保持穩定更新，否則你會失去他人對你的信任。

（2）社群：營運難度高，課程難度低。

如果你的知識體系還不是很成熟，你暫時無法設計出成體系的課程，那麼你可以嘗試圍繞有共同興趣和目標的人成立社群。社群可分為兩種：輕營運社群和重營運社群。

輕營運社群，指的是審核制的興趣社群（填寫問卷申請加

入社群),或者是打卡社群。營運這類社群壓力不大,只需要設計好打卡活動及獎勵退出機制,偶爾進行答疑就好。

重營運社群有一定的門檻,並且在社群的營運中,要確保成員有儀式感、參與感、組織感和歸屬感,具體可參考以下方式:

儀式感:申請審核、入群歡迎儀式、特定節日的專屬活動等。
參與感:設計主題和活動,讓大家可以互相討論與分享,讓成員有話可說、有事可做。
組織感:規劃一些每位成員都能參與的活動,大家一起來設計與策劃。
歸屬感:互相幫忙、實體聚會、線上交流都可以提升成員的歸屬感。

做社群的優點是交付壓力不會太大,同時可以體驗做知識產品交付的感覺,透過成員之間的互動、交流及提問來促進自己做知識萃取;但這也需要花費時間,需要在社群內多溝通和互動,引導大家多參與互動,激發每位成員的積極性。

不建議新手一開始就做長週期社群,在沒有經營經驗及思考不成熟的情況下,做社群產品很容易失敗。我在正式做付費產品之前,有過經營三個社群的經驗:前兩個都是我臨時起意做的社群,由於準備不足,經營了1個月就解散了;對於第三個社群,我思考得比較成熟,有社群活動和輕量化的交付,還有小團隊,所以經營得比較成功,這為自己後來做正式的知識

產品累積了充分的經驗。

（3）專欄：經營難度低，課程難度高。

專欄在這裡指沒有社群陪伴的課程，比如喜馬拉雅的音頻專欄，網易雲課堂的視頻專欄，等等。這一類產品適合那些時間不是很充裕、不想做售後經營，但又想將自己的專業知識梳理出來並使之變成課程的人。

你可以多了解一些課程平臺，比如喜馬拉雅、網易雲課堂、小紅書等這些有自有流量的平臺。如果你想做專欄，可以考慮在這些平臺上架自己的專欄網課。這相當於你在一個大市集上開了一個知識店鋪，每天都有自然流量進入你的店鋪了解，他們有可能會下單購買，也有可能會先成為你的關注者。

做專欄的劣勢是，如果只是賣課，卻沒有提供督學和帶練服務，容易讓學員買課但不聽課，學員沒有聽課則沒有收穫，沒有收穫則不會為你做口碑傳播。

（4）訓練營：經營難度高，課程難度高。

訓練營是專欄和社群的結合，交付的是課程和服務，服務裡的帶練和督學非常重要。因為有完善的課程，又有好的服務，所以訓練營的單價會比專欄和社群高很多。專欄的價格一般為幾百元，而訓練營的價格在 1000 元左右，當然也會根據時間週期而有所不同。

訓練營的課程可以是錄製的，也可以是直播的。訓練營除了系統課程，課後輔導環節也很重要，有極強的交付目的。

訓練營旨在讓學員通過「學習＋練習＋回饋＋解惑」4 個

步驟,來實現某項技能的獲得,某些知識的掌握,某種能力的提升。所以,訓練營的核心是集中式的學習和練習。正因如此,訓練營是由團隊協作進行交付,一群人服務一群人,才能讓班級熱鬧起來,激發大家的學習熱情。

訓練營應從使用者口碑出發。訓練營產品是比較容易出口碑的,「課程 + 帶練 + 1 對 1 回饋解惑」的服務模式,能提升學員的體驗感,讓學員真的學有所獲,從而真正地在認知和行為上有所改變。學員發生改變後,才會幫產品做口碑宣傳。對於重視實作的工具、技能類產品,最好以訓練營的方式經營,以訓練為主。

(5)書:經營難度低,知識體系要求極高。

書對知識體系的要求極高,需要的打磨週期也更長,它相對課程會有很多新的要求,比如邏輯更縝密、內容更完善、豐富,有些內容適合在課堂上講但不適合放在書裡,口語化的表達要轉變成書面化的表達,等等。

想要寫書的朋友平時要做好以下三個方面的準備:

① **專業體系的迭代:** 也就是書的大框架,可以理解為書的目錄。

② **素材案例的累積:** 也就是書的具體內容,包括知識、方法、案例等。

③ **寫作技巧的提升:** 主要是寫作技巧、書面化技巧、文案技巧等。

（6）其他：諮詢、私人教練。

除了以上五種常見的知識產品類型，還有其他知識產品類型，比如諮詢、私人教練。

諮詢是最輕量化的產品，你可以給自己的諮詢服務訂個價格。前期可以用公益諮詢的方式，推廣自己的諮詢服務，透過限時限額的免費諮詢，與使用者建立信任，了解使用者需求。你可以在每次諮詢完後進行回顧檢視，並將回顧檢視內容發布在微信朋友圈，主要內容如下。

你幫對方解決了什麼問題？
對於某類問題，你的建議是……
對方對諮詢的回饋是……

當你累積了幾十個諮詢個案，你會越來越明確自己能比較專業地解決哪幾類問題，同時大家面臨的普遍痛點是什麼，這些都會成為你正式從事諮詢服務及籌備其他產品的參考依據。而在提供諮詢後，你也可以去追蹤對方的結果與成果。

私教就是私人教練，即在單位時間內，只為某個人提供客製化服務，就像健身房的私人教練，會針對你要解決的具體問題給出具體的指導建議，同時追蹤你的進度。請私人教練會大大提升你的學習效率，一方面原因是私人教練會針對某個問題提供一套解決方案，另一方面原因是私人教練能給到更精準的一對一回饋，所以私人教練一般的收費都會比較高。

· 行動清單 ·

重新檢視你的產品體系,看看是否需要調整。

2 營運力：如何做有氛圍的社群

最開始開發知識產品的時候，我對營運有一種誤解，總覺得營運是套路化的，可我後來發現，營運是一種放大產品價值的服務。

《極致服務指導手冊》這本書提到：生意有大小，服務無邊界。營運在產品交付中的價值，一方面體現在流程體驗上，良好的營運會讓一個學員從第一次接觸品牌到成交，以及在交付後的售後環節都能收穫非常好的體驗；另一方面，好的營運也能夠透過一些機制的設計和引導，讓學員更好地互動、更好地學習和吸收，同時把產品的價值更好地向外推廣。所以，營運在一個產品的交付中是非常重要的。

1. 組團隊，一群人服務一群人

辭職創業後，我有了一種意識：要抱團成長。有的個體創業者走著走著就停下了，而有的個體創業者卻越走越遠，越來越強大，原因在於他們身邊有一群志同道合的人，他們能抱團取暖，一起向前。

（1）關於自由工作者的困境

2019 年,我成為自由工作者後,有兩種非常強烈的感受。

感受一:在職場上,你犯錯所帶來的任何損失,幾乎都有公司能幫你承擔;但作為自由工作者,你得為所有的行為負責,犯錯了就只能自己收拾。

感受二:自由工作者表面看起來很自由,但其實很孤單。你沒有同事可以交流、沒有夥伴會察覺你的情緒,沒有人關心你、問候你、主動來跟你聊聊。人是群體性動物,一定得活在關係中;自由工作者特別容易在沒有能量的時候,希望有人能適時給一點支持。

我身邊就有這樣一些自由工作者,他們從職場離開後,反而失去自律。過去在公司裡,團隊既是一種約束,也是一種支撐。但離開之後,沒有任何束縛,反而不曉得該做什麼。他們常常整天打電動、發呆、無所事事,甚至日夜顛倒:白天沒做事,晚上補進度,結果又忙到凌晨 2～3 點,隔天沒精神繼續惡性循環。

如果你是自由工作者,我真心建議你一開始就要找到一個可以依靠的組織並融入它。這個組織可以是線上的社群,也可以是實體的小團隊。你們每週固定開會、聚會、交流,這樣你會有「連結」與「歸屬感」。如果身邊沒有,也可以自己創造。可以建立一個線上交流讀書會、或者一個自律打卡群組,用夥伴的力量互相督促。

我很慶幸自己擁有團隊作戰意識,在成為自由工作者之初

就招募了自己的小幫手和營運人員，組織了一個四人小團隊，我們雖然不在同一個城市，但在線上是同頻的。當一個團隊的價值觀和目標高度統一的時候，成員會覺得線上協作的效率特別高，甚至比實體工作的效率還高。

有了這樣的一個小團隊，當你遇到困難和挑戰，情緒低落和疲憊的時候，發現其他成員還那麼努力，自己就會有力量繼續行動。所以，一個人走得快，一群人走得遠，一個人的力量很弱小，一群人的力量無窮大，這就是抱團作戰的價值。

（2）三步驟，打造你的團隊

目前，我的創業團隊也是主要由 10 餘個線上兼職合作夥伴支持的，我們一起開展了近百期訓練營。

我經常感嘆，感謝有這樣的一群人，我們雖然身在不同的地方，但是心卻連結在一起。很多做知識服務的同行也很好奇，圖言卡語的產品服務為什麼做得這麼好？可以在 3 年內高強度地營運這麼多期訓練營？難以想像這背後是一個線上團隊在做交付。那麼，到底如何培養一支這樣穩定的團隊呢？對此，我總結了以下三步驟。

① 設定門檻，篩選對的人

我們的團隊成員，大多是曾經的學員。當他們表達想加入時，我會用問卷評估：加入動機、過往經歷、期待收穫等內容。第一輪申請的通過率大約為 30%～50%。

② 提供培訓，先服務團隊。

學員在通過申請考核後，我會為他們提供一場免費的 14 天

線上培訓，培訓內容包含團隊的社群文化價值觀、各個角色的能力模型、品牌下的產品矩陣，以及一些技能的提升要求，並且設立相關的考核要求，明確在培訓期內要完成多少作業才能通過考核。考核通過後，學員便可正式加入團隊，考核沒有通過則無法加入團隊。這是一個雙向選擇的過程，認可團隊文化的人會更加認可，如果是抱著其他目的來申請考核的，很有可能被任務打敗，無法通過。考核有助於篩選出合適的人。

③ 先實習，再上崗。

訓練營裡的所有角色都有一個實習的過程。訓練營裡的角色包括主理人、助教、班長等，每一個角色都有實習機會。通常情況下，我們會由一位老助教帶著一位新助教參與一次訓練營的實戰交付，這一方面能夠讓新助教了解工作內容和節奏，遇到問題時有及時求助的方向，有歸屬感，不慌亂；另一方面能保證訓練營的服務質量，不會因為是新助教提供服務而服務不到位；此外，1 對 1 的帶教方式，還能讓訓練營不同角色的工作流程和專業知識要求得到最大化傳承。

(3) 為團隊賦能。

一個團隊組建好了之後，如何讓一個人在團隊裡保持長時間的服務呢？領導者要為團隊賦能。

團隊在初創期並不具備雄厚的經濟實力來給予成員很多的物質上的回報，但一些具有情感價值的東西能夠維繫著一群人走得越來越遠。

① 提供足夠的意義。

讓團隊成員覺察到自己正在做一件有意義的事情很重要。每個人都希望在一件有意義的事情上留下自己的印記，貢獻自己的價值。所以，對於任何事情與活動，都要做好意義解說和價值塑造。

在團隊初創期，我經常會這樣與成員溝通：這件事可以幫助多少人改變自己，幫助多少人解決問題，這件事未來的價值點在哪裡；這個角色在團隊中的重要性及意義是什麼，這件事做好了能如何支持他的成長，在這個過程中他會收穫什麼。

除了私下與團隊成員溝通，在一個項目的啟動會議中，在完成一個項目的總結回顧檢視會議上，在日常的例會中，我們都可以持續地植入相關資訊，讓團隊成員時刻知曉其角色的意義。如果一個新的任務和挑戰，能夠讓團隊成員在目標和意義上做一次探討和交流，在思想上達成一致，對於線上團隊來說，這也是一場高品質的團建。

② **提供足夠的情感支持**。

有一次，我問一名團隊成員，為什麼他願意一直陪伴圖言卡語團隊的成長。對方說：「真誠與反饋。因為你的溝通特別真誠，反饋特別及時，這是我在很多其他工作中感受不到的。」所以我們除了關注一件事的意義，也要重視團隊成員之間的情感連結。

這種情感連結具體體現在被認可、被看見、被反饋、被關心上。我們應積極主動地看見並認可團隊成員做得好的地方，關注對方的心理感受，及時給對方提供反饋，在節慶假日給予

對方關心和祝福，如果感覺團隊成員正在遭遇困難，應及時詢問對方並提供幫助。

我的團隊雖然是一個線上團隊，但是每次過節，我都會寄一份小禮物給團隊成員，每年我們也會進行年終頒獎。從這些細節中，團隊成員能夠感知到，我們不僅是利益合作關係，還是成長路上相互陪伴的一家人。關注人的成長，關注人的情感需求，關注人的心理感受，這些情感和意義上的給予，有時候比金錢更重要。

· 行動清單 ·

嘗試思考如何搭建一個線上團隊。

2. 塑文化，讓文化被學員感知到

《體驗思維》這本書中提到了人群劃分會慢慢趨向於島嶼化和原子化。島嶼化是指大群將分成小群，大家根據「三觀」、興趣、愛好而聚集在一起；原子化則指我們的家庭單元不斷地縮小，我們越來越趨近於「孤獨」的個體。

島嶼化和原子化的人群劃分趨勢帶來了新的消費需求：原來我們可能只需要滿足自己物質需求的產品，如今我們希望這個產品除了可以滿足物質需求外，還可以帶來一些貼心的服務。

我經常在購買一件產品後，和商家生「悶氣」，比如我要寄快遞，下單的時候選擇的是上門取件，為什麼還需要我將物品送到小區門口，這與「豐巢自寄」有什麼區別？我在網上購買了一些產品，商家為什麼不能提供上門安裝服務？虛擬的知識服務產品，為什麼沒有通知和提醒，總是讓我錯過課程？

有一次，我和團隊的一個助教聊天，她說：「莎莎老師，悄悄告訴你，我最近參加了一個學習社群，參加完後，我感覺他們的營運服務體驗很不好。我第一次參加我們的課程時，體驗真的太好了。」

我問：「那你覺得我們花這麼多的時間和人力去營運值得嗎？」她說：「太值得了，讓學員有歸屬感很重要。我在其他社群都沒好好寫作業，但在圖言卡語的社群寫作業很積極。」

我們之所以可以讓學員的全勤率達 90% 以上，就是因為我們有良好的營運服務。所以，產品內容的打磨是關鍵，產品內

容打磨好了之後，營運服務是關鍵。做好營運服務，提升學員的體驗感，就要以學員為中心，深度連結與服務學員。這種連結與服務的精神，可以通過塑造社群文化來培養。

社群文化會讓社群無法被模仿與複製，所以在做訓練營的初期，為了讓訓練營的營運精神持續傳承下去，我們制訂了自己的社群文化：用心、極致、精簡、分享、奉獻、感恩。

（1）用心：真誠是最能打動人的。

一個人是敷衍地做一件事還是用心地做一件事，是很容易被人感知的。我在招募團隊的第一位成員時，只是想招一個微信公眾號編輯。我在微信朋友圈發了一條招募消息後，有好幾位夥伴前來應聘。對於每位來應聘的夥伴，我的回覆都是先觀察我的微信公眾號內容，寫一份觀察反饋。

其中一位夥伴雖然之前沒有微信公眾號營運經驗，但他最後不僅給了我一份微信公眾號營運建議，還把我微信公眾號的所有文章都備份了一份，並且都看了一遍。學員提到的每個問題和內容，他都能及時調出相關文章並分享。這些動作讓我感覺到他非常用心，讓我覺得他雖然沒有微信公眾號營運經驗，但是憑著這份用心，也一定能做得很好。

後來這位夥伴沒有擔任微信公眾號編輯，而是擔任了訓練營的營運和助教，在工作過程中他也把用心詮釋得很到位。在擔任助教期間，他不僅能夠把本組的學員照顧好，還會積極關注其他助教出於時間原因不能照顧到的學員。

對於每一位成員的作業，他不只是有文字反饋，還會直接錄製視頻講解，學員做到多晚，他就陪伴到多晚。對此，學員們特別感動，最後在課程反饋評分表裡，他的評分幾乎為滿分。

有一次晚上 11 點多，一個學員因忘帶鑰匙進不了家門，她一個人在外面有些怕，於是在群裡找我們，希望我們陪她。我們好幾個助教和學員在群裡陪她，等著她把問題解決掉。結營後，我們收到這個學員寫的一封 2000 多字的感謝信，因為線上陪伴這個動作讓她感動不已。人與人之間的信任，就是用心堆起來的，我們投之以熱情，對方也會用溫情對待我們。

（2）極致：充分利用現有資源。

很多時候，我們都會貪婪地想要很多東西，總覺得需要有很多資源，在資源充足的情況下，才能做成一件事。如果我們覺得資源不夠、條件有限，就不去做了。但實際上，我們只要有一點資源，就可以馬上開始去做。

有時候，你不是沒有資源，而是不懂得如何調用資源。就像很多人的衣櫥裡明明有很多衣服，只要搭配得好，他們就能穿出各種風格，但是他們會覺得衣櫥裡總是缺一件衣服，於是不斷地買，最後衣服越來越多，衣櫥都裝不下了。其實在遇到問題時，我們應該想著如何將現有資源用到極致，調用已有的資源去解決問題，而不要總把資源不夠當作無法做成一件事的藉口。

這種極致是如何體現在我們的訓練營交付中的呢？我們的助教總是會想盡辦法去解決學員的各種問題，從來不會直接說「你的這個想法無法實現」，而是想方設法地告訴對方，在現有的基礎上，可以如何實現想法。

團隊成員在解決學員提出的各種問題的過程中，有時候也不只獨自思考，還會把問題「拎」到營運組的小群，讓大家一起解決。很多時候，面對看起來無法解決的問題，稍微動一動腦，借助某種工具，求助於其他人，問題就迎刃而解了。

因為極致的服務，我們的助教團隊也有了很多金句。

哪怕是微小的力量，在需要的人面前，也是彌足珍貴的。

——水磨雪

哪怕只有微小的力量，我依然想為你點亮一絲光芒。

——阿濤

助教不是無所不能的，但一定是竭盡所能的。

——飛煙子

（3）精簡：找到能解決問題的最有效路徑。

精簡與極致並不衝突。極致是指最大化利用現有資源；而精簡是指在解決問題的過程中找到最有效的那條路徑，不要使問題複雜化。任何服務都應做精、做簡，給用戶自由呼吸的空間。就像奧卡姆剃刀原理那樣，如無必要，勿增實體。做更少而更好的事，從而實現高價值導向。

我們並沒有把訓練營做得特別複雜，而是確保每個動作都有存在的意義，確保每個動作都可以具體到位，每個動作的結果都有具體的衡量標準，每個動作的增加和刪減都是為了讓學員的操作更加方便。

（4）分享：用分享帶來更好的成長。

團隊成員之間要樂於分享，分享既能幫助自己獲得反饋，也能給他人反饋，讓彼此更好地成長。我們的訓練營採用的是大班小組制，大班 80～100 人，小組 15～20 人，每小組都安排一位助教。在我們的團隊中，每位助教都會把自己的資料和帶隊心得分享給其他助教，不只讓自己小組的學員受益，同時也幫助其他助教更好地提供服務，讓其他小組的學員受益。

除了我們自己之外，在學員群體中，我們也會培養大家的分享習慣。我們會邀請優秀的學員主動分享自己的學習經驗和收穫，這能讓大家不僅有學習方面的收穫，還能建立非常好的同學情誼。

因為我們自己願意分享，同時也帶動學員一起分享，所以每一期訓練營的氛圍都特別好。他們在一起持續地學習和分享，不管什麼活動都會準時參加。久而久之，這些學員就成了圖言卡語的常駐人群，感情深厚。

（5）奉獻：越奉獻，越得到。

不計得失地去做一件事，其實是能帶來快樂的。在現在的社會環境中，很多人都會急功近利地去做一件事，想在短時間內獲得大量回報，只關注自己可以獲得什麼，而不關注自己可

以付出什麼、奉獻什麼。

在我們的團隊裡，奉獻也是社群文化之一。奉獻就是要利他，要擁有給予的能力。當你真正地去創造價值的時候，你想要的就有可能實現。

我給團隊成員結算兼職費用的時候，好幾次都意外地收到了這樣的反饋：「當助教，對我個人而言就已經是非常好的鍛鍊了，所以我不太在意金錢上的回報。我覺得在圖言卡語團隊裡讓我更感到幸福，我喜歡這裡，這是比錢更重要的東西。」每次收到這樣的反饋時，我都很感慨：正是因為這種無私奉獻的精神，他一定會收穫比他設想得更多的東西。

（6）感恩：用感恩回饋認可與鼓勵。

感恩有一種連結力，及時對幫助你的人感恩，會讓你與他人的關係更持久。所以，感恩也應成為社群文化之一。

並且當你懷著感恩的心生活時，你不會總是抱著拿來主義的心態，期許天上掉餡餅，而是會感謝生命裡所有的饋贈和遇見，從而激勵自己更努力地成長，去回饋他人的認可與鼓勵。

我們有一個營運團隊，其主理人從 2019 年開始直到現在都陪伴著圖言卡語。她經常把「謝謝」二字掛在嘴邊，感恩身邊每一個令她感動的行為，所以她帶的團隊非常有凝聚力。她也非常感恩能遇見我，讓她接觸這種學習方式，讓她能持續成長。這些都是非常普通的事情，可在她看來，這些都是生命的禮物。因此，我們每次聽她分享時都會覺得很幸運，也很溫暖。

> **・行動清單・**
>
> 為你的社群制訂社群文化。

3. 建標準,讓營運流程可複製

2019 年以來,我一直在線上辦公,帶領著一個線上團隊。

團隊中的很多人都有這樣一種感覺:雖然是線上協作,但是協作效率很高。讓團隊成員在線上高效運轉的關鍵,在於建立 SOP(Standard Operating Procedure,標準作業程序)。

從 0 到 1 建立訓練營的營運體系,從 0 到 1 培養訓練營的營運團隊,交付近百期訓練營,雖然每一期訓練營的工作人員中都有新人,但是每一次訓練營的交付質量都很高,新人加入團隊也能直接上手。這是因為我們團隊的經驗萃取和沉澱做得比較好。我們主要分四條線來梳理團隊的 SOP。

(1)角色線:角色職責與分工清晰化。

明確負責每個訓練營交付的團隊需要哪些角色。比如,目前我們每個訓練營的交付團隊都包含主理人、班長、助教和海

報官等角色，各角色的分工如下。

主理人：負責整個訓練營的報名對接、訓練營團隊組建、訓練營的進度統籌及課程平臺的操作，為訓練營的整體高質量交付負責。

班長：負責微信群的營運，課程、作業的發布，開營、結營儀式的組織，學員微信群內的答疑，等等。

助教：負責學員的 1 對 1 點評、反饋、答疑，小組群內的督學，針對性的「補課」，等等。

海報官：負責整個訓練營的宣傳物料製作，以及學員的榮譽證書、錄取通知書等的製作。

團隊的角色固定，並且每一個角色都分工明確，那麼團隊成員在合作的過程中就會井然有序、責任分明。

（2）流程線：執行動作具體化。

訓練營是一個多人協作的項目，什麼時候開始宣傳，什麼時候開始組建團隊，什麼時候啟動會議，什麼時候邀請學員進群，這些都需要做流程把控。要想讓每期訓練營都能如期開啟，重要的是保證流程精細化。

在流程方面我們做了精細的規劃，為了讓團隊所有人的節奏一致，我們會通過一個執行清單來統籌訓練營，讓訓練營的工作有條不紊地進行。每個人通過執行清單就能夠知道今天要完成哪些任務、將任務結果交付給誰、與誰保持協作，從而使工作效率更高。

（3）文檔（文件檔案）線：每個環節都有文檔可參考。

對知識型組織來說，總結組織的經驗和智慧，形成可複製、可分享、可協作的文檔非常重要。尤其是線上營運團隊在協作溝通中不具備面對面交流的優勢，所以把一些經常需要的東西沉澱下來尤為關鍵。

在訓練營中，每一個角色都會負責幾個文檔的更新工作，他們要在原有文檔的基礎上根據實際進行補充和優化。這樣每一次新訓練營組織和交付時，每一位成員就都有了參考文檔，一旦有新人加入，新人也可以直接根據文檔來學習、操作。凡是要做第二次的事情，都值得萃取出來，保存留檔。

（4）平臺線：平臺操作與權限可共享。

訓練營的交付還會涉及對很多平臺的了解與應用，比如小鵝通、鯨打卡、石墨文檔等。小鵝通是課程沉澱平臺，鯨打卡是作業打卡平臺，石墨文檔是內容沉澱平臺。每個平臺會涉及多人操作，在平臺的使用過程中，給不同角色的成員開通不同的營運權限，確保資訊透明、統一，可以有效提高協作和溝通效率。

按照以上四條線來制訂訓練營的 SOP，就可以確保人與人之間高效溝通、事與事之間相互借鑑，高效率地完成線上訓練營的交付和營運。

至於產品 SOP 的制訂，可以由統籌者來牽頭，由各個環節的負責人來共創。相關負責人要根據自己對於某個角色的理解和有關經驗，來萃取這個角色在訓練營各流程中的相關動作，

明確可能遇到的各種問題並提出對應的解決方案。

> **· 行動清單 ·**
>
> 為你經常做的事情寫一份簡單的 SOP。

3 行銷力：如何做有影響力的品牌

很多人問我：「你最初只有幾千個粉絲，是如何營運這近百期訓練營的？」最後一節將和你分享我總結的三個行銷心得。

1. 破除金錢障礙，消除不配得感

專業力＋行銷力＝財富升級。如果你的專業力非常強，但是你不會做行銷，那麼想要財富升級是較難的，而提升行銷力的第一步，是破除自己的金錢障礙。

我們大多數人都會有一種金錢障礙：不敢談錢，覺得談錢丟人。比如：

別人找你合作，不敢報價；
找別人合作，不會分錢；
與別人談判，總是畏首畏尾；
對行銷有偏見，覺得行銷不重要，只要產品好就能被使用者看到，就能做大團隊。

以上幾種情況，都是自我價值感低、有不配得感的表現，這是一種金錢障礙，會阻礙我們獲得財富。

如何破除金錢障礙，敢於去談錢呢？這就需要我們處理好自己與金錢的關係。我們每個人對金錢的認知是不一樣的，你對金錢的認知，你和金錢的關係，決定著你財富的多少。而我們和金錢的關係，我們的金錢觀，大部分是受到小時候身邊人的影響，他們如何看待金錢，他們如何處理和金錢的關係，都在影響著我們。想要破除金錢障礙，就要找到小時候自己在腦海裡種下的與金錢相關的不好的信念。

我深刻地記得，上小學時如果學校要求繳什麼費用，父母總喜歡拖延幾天再給我，這讓我一度覺得家裡比較窮。因為父母在外打工，賺錢很辛苦，家人經常說的一句話是：賺錢很辛苦，賺錢不如省錢。所以，從小我就養成了節約和省錢的習慣。我總是跟自己說不能和其他孩子比，他們買什麼、吃什麼，我都不能效仿。有一次，班上計畫郊遊，需要每人繳人民幣 28 元的活動費，我感覺費用太多，就自己決定不參加了，結果班上只有我一個人沒有參加那一次郊遊。雖然這樣做讓我感覺自己很懂事，但事後覺得特別委屈，很遺憾沒有參加那次郊遊。

因為我覺得家裡窮，不如別人家有錢，所以我一直克制自己的慾望，同時也有一種自卑感，一種不配得感，覺得我是窮人家的孩子，不配擁有好的物質條件，不值得別人對我好。

這種想法從小植入我的心底，讓我在做行銷上有一些心理

障礙。我一方面總覺得自己不夠好，不值得被人信任，滿足不了別人的需求；另一方面會克制自己對金錢的慾望，總覺得不能讓對方覺得我很想賺錢，不能讓對方覺得我很窮。

除了父母對金錢的觀念會給自己帶來影響外，小時候和同學的交往也影響了我的金錢觀。

學生時代，我不敢和比自己富有的人交朋友，害怕他們會看不起我，不願意和我玩，甚至面對比我優秀的人，我都會不自主地想逃避和退縮，想和他們保持距離。而實際上我們遠離這類人後，也失去很多能提高自我的機會，這些機會不只是資源上的，更是思維和認知上的。

《有錢人和你想的不一樣》這本書裡提到了窮人和富人十七種不同的思維方式，其中有兩條是：富人積極地與成功人士交往，而窮人與消極、不成功的人士交往；富人欣賞其他有錢人和成功人士，而窮人討厭有錢人和成功人士。

我們遠離成功人士的時候，其實就遠離了財富。我們有一種不配得感的時候，就不敢給自己訂更高的財富目標，也覺得自己不值得擁有一切好的東西，內心沒有期待，自然行動也跟不上，那財富上的結果也不會特別好。

當我意識到這些錯誤的認知給自己帶來的影響後，在自我改變的過程中，我開始有意識地撕掉這些錯誤認知，開始覺察：

我為什麼會覺得我不值得？

客觀事實是什麼？

如果現在我做得不夠好,那接下來該怎麼辦?

怎樣讓自己變得值得,變得越來越好?

一旦開始覺察,我就從「匱乏」模式進入了「富足」模式,把「我不值得」變成了「我值得」,把「我現在沒有」變成了「我去創造」,開始結識優秀的人並和他們做朋友,開始大大方方地介紹自己的服務和產品了。

所以,畢業後這幾年,我一直在付費學習以進入各種社交圈,讓自己被優秀的人影響,從而慢慢變得優秀。雖然心底裡的自卑還是會有,但自己也變得越來越有底氣。我們每個人都是完整的、優秀的、充滿潛力的、彼此平等的,我們每個人都有自己的價值,都值得擁有比現在更好的生活。

跟自己說「我值得」,跟自己說「我值得更好的」,這樣你會更大方地去介紹自己,介紹自己的服務和產品,也能連結到更多更優質的使用者。只有當你內心的障礙破除了,與行銷相關的方法和技巧才能派上用場。

> **· 行動清單 ·**
>
> 覺察你的腦海裡有什麼負面信念,找到該信念的根源並破除這個負面信念。

2. 品牌思維,必須占領使用者心智

《品牌 22 律》這本書中提到,行銷競爭的終極戰場不是工廠,也不是市場,而是使用者心智。使用者心智決定著市場,也決定著行銷的成敗。

(1)內容行銷是一種可複利行銷。

有一段時間,我們訓練營招生宣傳的流量突然降低了,訓練營的報名人數下滑得厲害。我開始焦慮,甚至覺得自己做不下去了,動了想要回職場的念頭。那段時間,我開始對自己產生懷疑,晚上頻繁失眠。

有一次,我去一家餐廳吃飯,看到餐廳裡掛了一幅畫,畫上寫著:手藝是產品人的靈魂,要回歸產品的本質。

我突然就意識到了自己行銷的問題所在:這 2 年我一直在忙著做交付,思考怎麼招到更多的人,卻忘記了持續為外部提

供價值，持續打磨自己的手藝，透過手藝來吸引更多人。我意識到這時候我應該踏踏實實地沉下心來，回歸自己的內容和產品，幫助更多人解決問題，而不應該去為流量的問題焦慮。

流量不夠是一個現象，獲取流量除了做廣告、跟熱門話題外，還要去思考自己有沒有持續地輸出內容，為他人提供價值。我們應透過提供價值來吸引新使用者，並把既有的使用者服務好。

意識到這個問題後，我將工作重心放在紮紮實實地輸出內容、迭代課程上，一段時間後，招生人數又上來了。於是我總結了一個觀點：持續輸出好內容，持續做出好服務，持續為他人帶來價值，才是長期的行銷之道，才能持續帶來優質流量。

《興趣變現》這本書提到這樣一句話：人們在極力迴避行銷和廣告的同時，需要真正有用的內容。我對這句話非常認同。

當別人認可你的內容價值時，他就會慢慢地對你產生信任，慢慢地認可你，從而買你的產品。內容具有複利效應，內容就是長期的廣告，你在自己的自媒體平臺上持續地輸出，就會不斷地被使用者看見。一旦你有好內容，就會引發他們的分享、傳播，為你帶來持續的流量。

漁夫不能出海捕魚的時候，會踏踏實實在家裡補漁網，以便更好地出海捕魚。持續影響比短期爆發更重要，紮紮實實地練好基本功，靠內容和價值來吸引人，會讓你的內容服務更持久，經營更可持續。你在哪裡留下痕跡，你在哪裡提供價值，哪裡就會有人因你而來。所以，保持內容的輸出，保持內容的

分享與傳播，是行銷的有力武器。

（2）用服務增加「流量」，為口耳相傳而努力。

我非常認同我的導師的兩個觀點：超級使用者會在粗獷的經營中離去，流量枯竭是對漠視使用者體驗的人的懲罰。口碑和轉介紹是產品的生命力，也是終極價值。這兩個觀點給我的啟發是：要做好交付、做好服務，萬萬不可為了利潤而忽略交付和服務，而要為口耳相傳付出努力。

在我們 3 年服務近百期訓練營的過程中，我們的學員轉介紹率基本在 30% 以上。在圖言卡語的社群中，經常會有學員不自主地在群內發起討論，互相推薦他們體驗過的我們的訓練營產品。這種不經意間的「種草」（被推薦後產生購買慾望）效果特別好，因為使用者說我們好，比起我們說自己好，效果要好得多。

好內容、好服務營造好口碑，好口碑帶來更多的忠誠使用者，好口碑也是產品最好的推薦信。所以，當你焦慮的時候，當你在想著如何去獲取流量的時候，不如好好沉下心來做產品，好好思考自己如何給現有的使用者提供更多的價值，激勵他們進行口碑傳播，為自己帶來新使用者。做好服務的關鍵有以下幾點。

① **超值交付。**

如果想要做到超值交付，那麼在產品招募和宣傳的過程中，就一定不能過度承諾，萬萬不可為了利益而承諾一些做不到的事情，過度承諾有損於品牌形象。很多訓練營在招生的時

候，承諾可以變現、提供變現路徑，可是結營後就對學員不管不顧了，這就是一種過度承諾。

而我們的訓練營，往往會在結營後給學員一些額外的收穫，比如贈書、提供分享的機會等。在招募的時候不過度承諾，但在實際營運時多給一些，這會讓學員有一種超值交付的感覺。

② **峰值體驗**。

比起平淡無奇的服務，如果能在關鍵環節中設計高潮和驚喜，就會讓學員的感受和體驗完全不一樣。我們的訓練營中有3個關鍵環節：開營儀式、PK賽和結營儀式。

開營儀式是團隊的整體亮相，也是訓練營的第一個重要儀式。開營儀式必須精心準備，讓學員參與進來，讓他們感受到熱情和服務，這樣才能搶佔他們的注意力，讓他們願意為此次學習花更多的時間。

PK賽是成果的輸出和展現。為了參與PK，學員會精心打磨和迭代自己的作品，這個過程本身就會讓人印象深刻。而當作品被分享出去並獲得認可和獎勵的時候，學員也會覺得受到了鼓舞。

結營儀式是訓練營最後的儀式，包括成果的呈現及榮譽的授予，能讓訓練營氣氛達到高潮，提升了學員在訓練營被服務的感覺。

訓練營和網課最大的區別其實不是知識，而是服務。所以，一定要在產品的設計和服務體驗中，讓學員產生強烈的被

服務的感覺。

③ **製造溫度**。

整合行銷傳播之父唐・舒爾茨說過：「世界上任何地方、任何公司只有一件事情不可能被模仿，那就是溝通的方式。我們與消費者的溝通方式才是唯一讓我們與眾不同的原因。」

人與人之間的溝通，傳遞出來的其實是一種溫度。在訓練營的服務中，我們非常注重助教和學員的 1 對 1 溝通，透過 1 對 1 的輔導與點評回饋來體現團隊的溫度和細心。很多人在參加完我們的訓練營後，會感到溫暖。因為有這樣的服務，他們願意待在我們的社群，並且考慮參加其他的訓練營。很多機制、規則可以複製，但人與人之間的溝通和表達所傳遞的溫度不可複製。讓產品持續有溫度，用戶持續被感染，這樣我們與用戶的關係會更長久。

・**行動清單**・

思考你的產品的峰值體驗可以設計成什麼。

3. 視覺行銷，萃取價值並放大呈現

在《一本書學會視覺行銷》這本書裡，作者介紹了這幾組數據。

傳遞給大腦的資訊 90% 為視覺元素，大腦處理視覺元素的速度比處理文字的速度快 6 萬倍；67% 的消費者認為，清晰、詳細的圖像非常重要，比產品資訊、完整描述和消費者評價更有分量；67% 的消費者認為產品圖片的品質在「挑選和購買產品」時「非常重要」。

這也說明，行銷環節中的影片、圖片等視覺元素非常重要。心智圖與知識圖卡本身就是一種視覺呈現，所以，在產品的設計中，我們也將視覺行銷運用得淋漓盡致。在我們的訓練營，我們會設置大量的視覺素材，比如：

銷售階段有倒數計時海報、課程表、課程月曆、學員故事海報、學員金句卡、學員評價海報、課程核心內容金句卡片、學員錄取通知書；

開營階段有開營倒數計時海報、嘉賓邀請卡、開營儀式海報、開營流程、每日日籤海報、學員金句卡、嘉賓/學長/學姐分享海報等；

結營階段有結營倒數計時海報、結營儀式海報、結營流程、學員全家福、打卡數據統計圖、勳章表彰卡、排行榜、全勤/優秀學員榜單、結業證書、優秀學員證書、福利卡、優秀

助教證書、捷報等。

這些視覺素材在很大程度上會給學員帶來視覺衝擊，它們主要在以下幾個方面起作用。

① **專業性**：大量的視覺素材會讓學員覺得我們是一個專業的團隊，這種感覺就像是去一家餐廳吃飯，餐廳的裝潢特別好，讓人體驗良好，胃口大開。

② **儀式感**：開營儀式、結營儀式、每日日籤等的海報，能讓學員覺得整個學習過程都充滿了儀式感，每一天都是不平凡的，自己不是在枯燥地學習，而是開啟了一段新的旅程，有了新的開始。

③ **被看見**：將學員的一些金句摘出來做物料，學員就會產生一種被看見的感覺，會覺得助教團隊很用心。

④ **榮譽感**：結營儀式上的一些全勤海報、表彰海報、優秀學員海報，會讓學員覺得有榮譽感。

⑤ **宣傳度**：這些物料還提供了大量的社群分享素材，每一種都有分享的價值，每被分享一次，都可能吸引到新的用戶。

視覺行銷往往也是品牌行銷，所以包裝產品時找到一個優秀的視覺設計師很重要。盡可能為你的產品和服務製作一些可傳播的視覺物料，這能在一定程度上吸引用戶，提高你的產品曝光率。

· 行動清單 ·

覺察哪些海報能吸引你的注意力,並思考它們給你帶來了什麼啟示。

後記

我18歲高中畢業的時候，閨蜜問我：「莎莎，你未來想做什麼呀？」

我說：「沒有想好，但是我想寫一本書。」

閨蜜問：「寫什麼書呢？」

我說：「書的具體內容我也沒有想好，但是我就是想當一名作家。」

閨蜜又問：「那你計畫什麼時候實現夢想呢？」

我說：「27歲左右吧。」

在2021年，我28歲，我的第一本書《高效學習法：用思維導圖和知識卡片快速構建個人知識體系》出版了。

感謝我的閨蜜在我18歲時的發問，讓我埋下了一顆出書的種子。這些年，我一直保持思考，並保持對寫作的熱愛，才能在28歲圓了18歲的作家夢。

本書是我寫作的第二本書，記錄了我一步步地找到自己的熱愛，並一點點地把熱愛變成事業的過程，是我的個人成長之作。

成長不易，成長為自己喜歡的樣子更不容易。在這本書的最後，我特別想感謝一些人。

感謝我的父母，從小我在他們眼中就是一個乖孩子，但上了大學後，我開始有了很多自己的想法，做出了一些或許看起

來有些叛逆的行為。非常感謝他們對我的包容和支持，讓我在很多重大抉擇上，可以自己做決定，而他們也尊重我的決定。

感謝我創業以來，給過我很多幫助的人，尤其是張文龍老師、彭小六老師、剽悍一隻貓、秋葉老師、方軍老師等，還有一直和我並肩作戰，共創圖言卡語的線上協作夥伴，他們是阿濤、楊咩咩、Ivy、陽、凱文、包子、未來不怕、Sunny、雲黛山、霍霍、余、玖玖醬等。

最後要感謝我的太陽先生。我曾經問太陽先生：「你對5年後的我有期待嗎？」他說：「成為你自己喜歡的樣子就好。其他的，你都不用擔心，有我在。」我聽到這句話的時候，覺得特別開心和溫暖。人生最幸福的事情，莫過於有愛的人，有熱愛的工作。

希望讀到這本書的每個人不僅能夠擁有美好的愛情、美好的人際關係，還能在熱愛的工作裡綻放自己。

趙莎
2023 年冬